Die Zukunft des MINT-Lernens – Band 2

Jürgen Roth · Michael Baum · Katja Eilerts ·
Gabriele Hornung · Thomas Trefzger
(Hrsg.)

Die Zukunft des MINT-Lernens – Band 2

Digitale Tools und Methoden für das
Lehren und Lernen

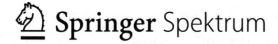

Springer Spektrum

Hrsg.
Jürgen Roth
Institut für Mathematik
Universität Koblenz-Landau
Landau, Deutschland

Katja Eilerts
Mathematik in der Primarstufe
Humboldt-Universität zu Berlin
Berlin, Deutschland

Thomas Trefzger
Lehrstuhl für Physik und ihre Didaktik
Julius-Maximilians-Universität Würzburg
Würzburg, Deutschland

Michael Baum
Didaktik der Chemie, IPN-Leibniz-Institut
für die Pädagogik der Naturwissenschaften
und Mathematik
Kiel, Deutschland

Gabriele Hornung
Fachbereich Chemie
Technische Universität Kaiserslautern
Kaiserslautern, Deutschland

ISBN 978-3-662-66132-1   ISBN 978-3-662-66133-8   (eBook)
https://doi.org/10.1007/978-3-662-66133-8

Die Deutsche Nationalbibliothek verzeichnet diese Publikation in der Deutschen Nationalbibliografie;
detaillierte bibliografische Daten sind im Internet über http://dnb.d-nb.de abrufbar.

Planung/Lektorat: Iris Ruhmann
Springer Spektrum ist ein Imprint der eingetragenen Gesellschaft Springer-Verlag GmbH, DE und ist
ein Teil von Springer Nature.
Die Anschrift der Gesellschaft ist: Heidelberger Platz 3, 14197 Berlin, Germany

Geleitwort des Publikationsförderers

Dieses Buch versammelt konkrete digitale Lernumgebungen für den Einsatz im schulischen MINT-Unterricht. Auch erste Beispiele aus der Welt der Virtual Reality und der Augmented Reality sind dabei. Es ist die zweite Publikation des Hochschul-Entwicklungsverbundes „Die Zukunft des MINT-Lernens", den die Deutsche Telekom Stiftung initiiert hat.

Der Nutzen digitaler Tools für Schule liegt auf der Hand: Sie erweitern das Lehren und Lernen um einen Möglichkeitsraum, der es Schülern und Lehrkräften erlaubt, Unterricht anders zu erleben. Auf den folgenden Seiten erhalten Leserinnen und Leser einen umfassenden Einblick in diesen Möglichkeitsraum; vorgestellt werden die verschiedensten digitalen Lernumgebungen, etwa ein Spiel, mit dem Schülerinnen und Schüler ihre Problemlösekompetenz in den Naturwissenschaften trainieren können. Ein anderes Kapitel beschäftigt sich mit der Flipped-Classroom-Methode im Physik-, ein drittes mit der Lernwirksamkeit von Videoanalysen im Mechanikunterricht.

Fest steht bei alledem: Auch im digitalen Zeitalter bleibt die Lehrkraft das Zentrum schulischen Lernens. Denn sie vermag etwas, das „die Maschine" nicht kann, nämlich: Fachlichkeit mit didaktischen Methoden, Empathie und professioneller Urteilskraft zu einem unschlagbaren Ganzen zu verbinden. Klar ist aber auch: Die Aufgaben von Lehrerinnen und Lehrern sind heute so vielfältig und anspruchsvoll wie nie zuvor. Digitale Technologien sorgen hier nicht nur auf organisatorischer Ebene für Entlastung; sie heben auch den Unterricht selbst auf ein völlig neues Level. Dies gilt gerade für die MINT-Fächer, wo Simulationen das Verstehen der Kinder und Jugendlichen fördern können und adaptive tutorielle Systeme es der Lehrkraft ermöglichen, ihr Handeln individuell am einzelnen Schüler auszurichten.

Allerdings nehmen noch immer viel zu wenige Lehrerinnen und Lehrer diese neuen Chancen wahr. Um ihnen die Möglichkeit zu geben, sich von Anfang an und fortlaufend damit vertraut zu machen, ist eine breite Reform der gesamten Lehrkräftebildung unverzichtbar. Dabei gilt es nicht zuletzt, Berührungsängste in den bestehenden Kollegien abzubauen und eine positive Einstellung gegenüber dem digitalen Lehren und Lernen zu befördern. Helfen könnten hier etwa schulinterne Fortbildungen, in denen die Lehrkräfte einer Fachschaft gemeinsam digitale Lernumgebungen für ihren Unterricht entwickeln.

Der vorliegende zweite Band soll dafür Impulse liefern. Der erste Band des Entwicklungsverbundes, der sich mit Perspektiven des digitalen MINT-Unterrichts im 21. Jahrhundert beschäftigt, ist ebenfalls beim Springer-Verlag erschienen. Allen Leserinnen und Lesern sei eine erkenntnisreiche Lektüre gewünscht.

Dr. Gerd Hanekamp
Leiter Programme Deutsche Telekom Stiftung

Thomas Schmitt
Projektleiter „Die Zukunft des MINT-Lernens"

Vorwort

Inwiefern kann die Digitalisierung bei einem MINT-Lernen für die Zukunft unterstützen? Welche digitalen Technologien, digitalen Werkzeuge und digitalen Lernumgebungen können bei der Entwicklung von *21ˢᵗ Century Skills* bei Lernenden beitragen? Wie müssen sie ausgestaltet sein, um beim Lernen und Problemlösen unterstützend zu wirken und die Lernenden zum kritischen Denken *(Critical Thinking)* anzuregen?

Dieser zweite Band, des zweibändigen Sammelwerks gibt auf der Grundlage aktueller Forschungsergebnisse Antworten auf diese Fragen bezogen auf den MINT-Unterricht. Vorgestellt und diskutiert werden insbesondere Konzepte und Forschungsergebnisse zur lernförderlichen Gestaltung von digitalen Erweiterungen analoger Lehr- und Lernmethoden sowie von digitalen Lernumgebungen für zukünftige Anforderungen. Dabei wird unter anderem auf das (digitale) Experimentieren, Videoanalyse, Augmented Reality und Gestaltungskriterien für Virtual-Reality-Lernumgebungen eingegangen. Die Beiträge wurden im Rahmen des Projekts „Die Zukunft des MINT-Lernens – Denkfabrik für Unterricht mit digitalen Medien", gefördert durch die Deutsche Telekom Stiftung, entwickelt. Sie decken verschiedene (assoziierte) Projekte des Entwicklungskonsortiums der beteiligten Hochschulstandorte ab und bieten zukunftsweisendes Wissen zum Thema.

Für den Mathematikunterricht werden z. B. digital gerahmte Experimentierumgebungen als dynamischer Zugang zu Funktionen dargestellt. Flipped Classroom als Unterrichtskonzept in der Elektrizitätslehre, der Einsatz von Augmented Reality Applikationen in der Optik, bzw. Elektrizitätslehre oder Tablet-PC-gestützte Videoanalysen im Mechanikunterricht werden in weiteren Beiträgen vorgestellt und es wird gezeigt, wie digitale Unterrichtselemente lernförderlich im Fach Physik eingesetzt werden können. In weiteren Beiträgen wird über virtuelle Labore für die naturwissenschaftlichen Fächer zur digitalen Vor- und Nachbereitung realer Experimentiereinheiten, bzw. über das Interesse von Schülerinnen und Schülern beim Bearbeiten von HyperDocs im Fach Chemie berichtet. Auch die Themen maschinelles Lernen bzw. künstliche Intelligenz und Virtual Reality Lernumgebungen werden in weiteren Kapiteln thematisiert.

Alle hier vorgestellten digitalen Lernumgebungen wurden bezüglich ihrer Eignung zum Einsatz im schulischen Unterricht evaluiert, sodass der vorliegende zweite Band des Doppelbands „Die Zukunft des MINT-Lernens" wertvolle konkrete und in der Praxis erprobte Vorschläge für die Zukunft des MINT-Unterrichts beinhaltet.

Im Herausgeberbeitrag Roth et al. (Kap. 1 in Bd. 1) wird ein theoretischer Rahmen für wesentliche Aspekte der Zukunft des MINT-Lernens gespannt. Wir empfehlen Ihnen, dieses Kapitel vor der Lektüre dieses zweiten Bandes online zu lesen und wünschen Ihnen, dass Sie vielfältige Anregungen aus der Lektüre dieses Bandes für Ihre Arbeit mitnehmen können.

Landau   Jürgen Roth
Kiel   Michael Baum
Berlin   Katja Eilerts
Kaiserslautern   Gabriele Hornung
Würzburg   Thomas Trefzger
June 2022

Inhaltsverzeichnis

Digital gerahmte Experimentierumgebungen als dynamischer Zugang zu Funktionen

Susanne Digel⬭, Alex Engelhardt⬭ und Jürgen Roth⬭

Inhaltsverzeichnis

1.1 Ein Konzept zu Funktionen entwickeln

Trotz einer breiten, jahrgangsstufenübergreifenden Thematisierung von funktionalen Zusammenhängen im Mathematikunterricht zeigen Lernende häufig Verständnisschwierigkeiten und Fehlvorstellungen zu Funktionen (Ganter, 2013). Häufig steht

S. Digel (✉) · A. Engelhardt · J. Roth
Institut für Mathematik, Universität Koblenz-Landau, Landau, Deutschland
E-Mail: digel@uni-landau.de

A. Engelhardt
E-Mail: engelhardt@uni-landau.de

J. Roth
E-Mail: roth@uni-landau.de

© Der/die Autor(en) 2023
J. Roth et al. (Hrsg.), *Die Zukunft des MINT-Lernens – Band 2*,
https://doi.org/10.1007/978-3-662-66133-8_1

der kalkülhafte Umgang mit Funktionen im Vordergrund und es gelingt nicht, ein tragfähiges Konzept zu Funktionen zu entwickeln. Dieses beinhaltet zum einen normative Grundvorstellungen zu Funktionen, die Vollrath (1989) als Aspekte funktionalen Denkens (FD) gefasst hat (s. Übersicht).

Aspekte funktionalen Denkens
1. *Zuordnungsaspekt:* Jedem Wert der unabhängigen Variablen wird genau ein Wert der abhängigen Variablen zugeordnet.
2. *Kovariationsaspekt:* Die Änderung der abhängigen Variablen in Abhängigkeit von der Änderung der unabhängigen Variablen wird analysiert.
3. *Objektaspekt:* Die Funktion wird als Ganzes betrachtet und so als eigenständiges Objekt erfasst.

Darüber hinaus sind die vier Repräsentationsformen (verbale) Beschreibung der Situation, Funktionsgleichung, Graph und Tabelle für das konzeptuelle Verständnis relevant (Sproesser et al., 2022). Nach Nitsch (2015) zeigt sich funktionales Denken darin, dass Schülerinnen und Schüler diese Darstellungen verwenden, interpretieren und ineinander überführen beziehungsweise miteinander verknüpfen können.

1.1.1 Entwicklungsperspektive auf das Funktionenkonzept

Breidenbach et al. (1992) nutzen die Theorie des Action-Process-Object-Schemas (APOS) als Entwicklungsperspektive auf das Funktionenkonzept. Die APOS-Stufen lassen sich mit den Aspekten funktionalen Denkens in Einklang bringen. Auf der untersten Stufe (Action) konzeptualisieren Lernende Funktionen über reale beziehungsweise mentale Handlungen. Es werden Werte eingesetzt und damit Funktionswerte berechnet (→ Zuordnungsaspekt). Eine dynamischere Konzeptualisierung von Funktionen (Process) ermöglicht es Lernenden, einen Zusammenhang über ein Kontinuum zu betrachten. In Abhängigkeit von Variationen des Arguments werden dabei Veränderungen des Funktionswerts reflektiert (→ Kovariationsaspekt). Auf der höchsten Stufe (Object) konzeptualisieren Lernende Funktionen als eigenständige Objekte, die transformiert werden können (→ Objektaspekt). Ein elaboriertes Funktionenkonzept beinhaltet alle drei Stufen und die Fähigkeit, passend zu der mathematischen Situation auf die jeweilige Stufe zugreifen zu können (Dubinsky & Wilson, 2013).

Aus diesen Entwicklungsstufen lässt sich direkt eine Lernreihenfolge für das Funktionenkonzept ableiten: zuerst die Zuordnung fokussieren, dann auf Kovariation erweitern und schließlich Funktionen als Objekte thematisieren. Diese im Unterricht vorherrschende Vorgehensweise beim Thema Funktionen ist numerisch geprägt (Goldenberg et al., 1992), erzeugt jedoch mit Blick auf den Kovariationsaspekt Schwierigkeiten: Für Schülerinnen und Schüler liegt es nahe, einen Zusammenhang zwischen Größen über deren gemeinsame Veränderungen zu beschreiben, dadurch werden Abhängigkeiten erkennbar. Wird entgegen dieser intuitiven Beschreibung der Zusammenhang als neues mathematisches Konzept über die Zuordnung von Wertepaaren charakterisiert, wirkt dies künstlich (Thompson & Carlson, 2017). Des Weiteren induziert der Zuordnungsaspekt über den Fokus auf die Zustände der beteiligten Größen eine statische Sichtweise auf Funktionen, für eine Auseinandersetzung mit dem Kovariationsaspekt ist jedoch eine dynamische Perspektive vonnöten (Johnson, 2015). Thompson und Carlson (2017) sehen dementsprechend die Hauptgründe für Schwierigkeiten mit dem Funktionenkonzept in der mangelnden Fähigkeit und vor allem Gelegenheit, dynamisch über Kovariation zu argumentieren. Aus diesen Gründen wird bereits seit vielen Jahren gefordert, im Mathematikunterricht einen qualitativen Zugang zu funktionalen Zusammenhängen zu wählen (Stellmacher, 1986).

1.1.2   Experimente fördern funktionales Denken

Experimente zu funktionalen Zusammenhängen haben sich als besonders lernförderlich erwiesen (Lichti & Roth, 2018). Eine mögliche Erklärung ist die Nähe funktionalen Denkens zum naturwissenschaftlichen Experimentierprozess (Doorman et al., 2012): Ausgehend von einer veränderlichen Ausgangsgröße wird eine davon abhängige Zielgröße betrachtet. Werden die Werte von Ausgangs- und Zielgröße zueinander in Beziehung gesetzt, fördert dies den Zuordnungsaspekt (Action). Durch Variation der Ausgangsgröße und Beobachtung der daraus resultierenden Veränderung der Zielgröße wird die Kovariation in den Fokus gerückt (Process). Der naturwissenschaftliche Experimentierprozess (Hypothesen bilden, Experimentieren, Analysieren) kann in diesem Sinne auch zur Strukturierung der Experimentierumgebungen genutzt werden. Lichti und Roth (2018) setzen dies in einer vergleichenden Pre-Post-Interventionsstudie zur Förderung des funktionalen Denkens jeweils ausschließlich mit gegenständlichen Materialien beziehungsweise Simulationen um.

Simulationen
Unter Simulationen verstehen wir hier die digitale Umsetzung eines Experiments in GeoGebra, die im Modellierungskreislauf von Blum und Leiss (2002) dem Realmodell der Experimentiersituation entspricht.[1] Dieses Modell ist interaktiv, die zusammenhängenden Größen können ähnlich zum

---

[1] Wie Abb. 1.1 verdeutlicht, sind im digitalen Experiment bereits Reduktionen zur Modellierung der Situation enthalten, wie etwa die Darstellung der gefüllten Vase im Längsschnitt in 2D.

Experimentieren mit gegenständlichen Materialien manipuliert werden. Zusätzlich zum digitalen Experiment kann die Simulation zu einem Multi-Repräsentationssystem (Balacheff & Kaput, 1997) erweitert werden, indem andere Darstellungsformen des erfassten Zusammenhangs, wie Graph und Tabelle, verknüpft mit dem digitalen Experiment dargestellt werden (Abb. 1.1).

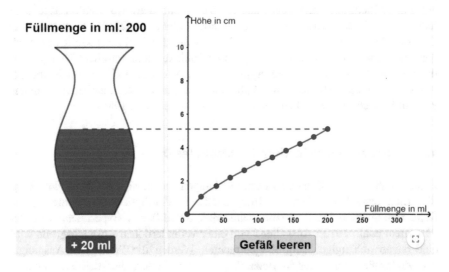

Abb. 1.1   Simulation mit digitalem Experiment (links) und Repräsentation Graph (rechts)

Insgesamt zeigen sich Simulationen als lernwirksamer für das funktionale Denken. Je nachdem welche Materialien (gegenständlich oder Simulation) genutzt werden, ergeben sich unterschiedliche, teils komplementäre Erträge (Lichti & Roth, 2018), die nachfolgend mithilfe des Instrumental Approach genauer beleuchtet werden und anschließend als Basis für eine möglichst lernwirksame Kombination beider Materialien dienen (s. Abschn. 1.1.4).

1.1.3   Nutzungsschemata für gegenständliche Materialien und Simulationen

Der Instrumental Approach (Rabardel, 2002) und dessen Unterscheidung zwischen Artefakt und Instrument bieten eine Erklärungsgrundlage für diese Ergebnisse. Als Artefakt wird das Material bezeichnet, das als Werkzeug genutzt wird. Damit es zum Instrument wird, müssen zunächst Nutzungsschemata entwickelt werden. Dieser Entwicklungsprozess (Instrumental Genesis) wird beeinflusst von dem Subjekt, dem Artefakt und der Aufgabe, für die es genutzt werden soll. Dadurch erzeugen unterschiedliche Artefakte unterschiedliche Nutzungs-schemata. Artefakte, die eine bessere Passung zu den mathematischen Vorhaben aufweisen, führen zu einer produktiveren Instrumental Genesis und vereinfachen den Lernprozess (Drijvers, 2020). Bezogen auf die hier genutzten Artefakte stimuliert der Umgang mit gegenständlichen Materialien Modellierungsschemata, um ein Situations- und Realmodell (Blum & Leiss, 2005) der Experimentier-situation zu erstellen. Dadurch wird die für das funktionale Denken relevante Fähigkeit, unterschiedliche Repräsentationen des funktionalen Zusammenhangs miteinander zu verknüpfen und ineinander zu überführen (s. Abschn. 1.1.1), bezogen auf die Repräsentationsform Beschreibung der Situation gefördert. Simulationen beinhalten demgegenüber mit dem digitalen Experiment bereits ein Realmodell (s. Kasten Simulationen). Die erleichterte Manipulation der zusammenhängenden Größen ermöglicht deren systematische Variation, wodurch Schemata entwickelt werden, die Veränderungen charakterisieren und damit eine dynamische Sichtweise sowie den Kovariationsaspekt fördern. Messprozesse an gegenständlichen Materialien induzieren hingegen statische Schemata basierend auf Zuständen, die dem Zuordnungsaspekt dienen. Werden Simulationen als Multi-Repräsentationssystem (Balacheff & Kaput, 1997) genutzt, illustrieren sie Verbindungen zwischen den unterschiedlichen Repräsentationen (hier: Graph, Modell, Tabelle) und induzieren Schemata zur Übersetzung zwischen diesen.

Eine Kombination aus beiden Artefakten kann die unterschiedlichen Lern-vorteile vereinen, wenn die dadurch notwendige Genese von Nutzungsschemata in größerem Umfang keine Überforderung darstellt, beziehungsweise diese im Einzelnen nicht weniger produktiv werden. Dazu sollten Artefakte und intendierte Tätigkeiten möglichst gut zueinander passen.

1.1.4 Konzeptentwicklung fördern

Zur Förderung funktionalen Denkens mit Experimenten werden Simulationen und gegenständliche Materialien mit der Prämisse einer produktiven Instrumental Genesis eingesetzt. Zu Beginn werden gegenständliche Materialien genutzt, um Modellierungsschemata zu initiieren. Weitere Repräsentationswechsel, wie Tabelle zu Graph und Realmodell (digitales Experiment) zu Graph, werden durch den Einsatz von Simulationen erleichtert. Sie ermöglichen darüber hinaus eine dynamische Sicht auf den Zusammenhang, sowohl durch Exploration als auch durch systematische Variation, und fördern den Kovariationsaspekt. Durch Messungen an gegenständlichen Materialien wird schließlich der Zuordnungs-aspekt gefördert.

Für die hier vorgestellte Studie wurden zwei unterschiedliche Settings ent-wickelt, die sich ebenfalls am naturwissenschaftlichen Experimentierprozess (Hypothesen bilden, Experimentieren, Analysieren) orientieren (Tab. 1.1). Beide Settings verfolgen den Ansatz einer möglichst hohen Passung zwischen Artefakt und mathematischer Tätigkeit.

Tab. 1.1 Vergleich der Phasen Hypothesen, Experimentieren, Analysieren bezüglich des Einsatzes von gegenständlichem Material (M) und Simulation (S) sowie der Nutzungsschemata und Aspekte funktionalen Denkens

	Numerisches Setting	Qualitatives Setting
Hypothesen	(M) Schätzen *Modellierungsschema* Hypothesen zu Wertepaaren *Zuordnungsaspekt*	(M) Zahlenfolgen *Modellierungsschema* (S) Exploration der Animation Hypothesen zu Zusammenhang *Kovariationsaspekt*
Experimentieren	(M) Messungen *Zuordnungsaspekt* (S) Tabelle → Graph → Animation *Repräsentationsschemata* System. Variation: Überprüfung *Kovariationsaspekt*	(S) Animation → Graph *Repräsentationsschemata* System. Variation: Überprüfung, Charakterisierung Änderungsverhalten *Kovariationsaspekt*
Analysieren	(S) Analysen Graph *Kovariationsaspekt* (M) Vergleich Partner: Abstraktion *Kovariationsaspekt* Mit Partner: Transfer *Zuordnungsaspekt*	(M) Vergleich Partner: Abstraktion *Kovariationsaspekt* Messungen Partnerkontext *Zuordnungsaspekt* Änderungsverhalten Graph/ Tabelle *Kovariationsaspekt*

Ein Setting folgt dabei sequenziell den APOS-Stufen zur Entwicklung eines Funktionenkonzepts und legt den Fokus auf den Zuordnungsaspekt. Dadurch nehmen, wie auch häufig im Schulkontext (Goldenberg et al., 1992), der Messprozess und die Quantifizierung großen Raum ein (s. Abschn. 1.1.1), sodass dieser Zugang als numerisches Setting bezeichnet werden kann. Die Annäherung an den Kovariationsaspekt in der Analysephase wird durch eine Simulation unterstützt, in der das digitale Experiment mit der tabellarischen sowie einer graphischen Darstellung verbunden ist.

Im zweiten, qualitativ orientierten Setting wird durchgängig der Zusammenhang zwischen den beteiligten Größen dynamisch beleuchtet und die Quantifizierung hintenangestellt. Nach einer kurzen ersten Hypothesenbildung mithilfe des gegenständlichen Materials werden in der Simulation (digitales Experiment) Veränderungen in den Blick genommen und weitere Hypothesen aufgestellt. Der Fokus dieses Settings liegt dadurch auf dem Kovariationsaspekt. Für die Analysephase wird in der Simulation die graphische Darstellung des funktionalen Zusammenhangs ergänzt. Erst im Anschluss werden am gegenständlichen Material Messwerte generiert und in die Simulation (digitales Experiment, Graph und Tabelle) übertragen, um die bisherigen Ergebnisse zum Zusammenhang experimentell zu überprüfen.

Die Lernenden durchlaufen in insgesamt 270 min den Experimentierprozess (Tab. 1.1) jeweils in drei Kontexten (zu einem linearen, einem quadratischen sowie einem variierenden Zusammenhang) und abstrahieren ihre Entdeckungen über den jeweiligen Zusammenhang durch Austausch in der Gruppe über zwei verwandte Kontexte (Abb. 1.2).

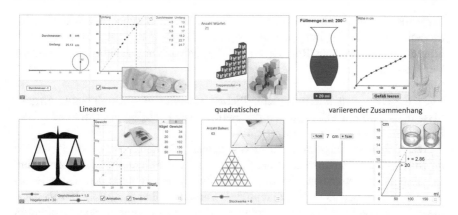

Abb. 1.2 Paarweise verwandte Kontexte der Settings (linear, quadratisch, variierend) als gegenständliches Material und Simulation

In beiden Settings werden identische Kontexte, Materialien und Simulationen eingesetzt, die Arbeitsaufträge sind dem Fokus entsprechend adaptiert. Beide Lernumgebungen sowie das ausschließlich auf Simulationen basierende Setting der Kontrollgruppe (mit vergleichbaren Kontexten und Aufgabenstellungen) finden sich unter: https://mathe-labor.de/baumhaus-2020 *(A: qualitatives Setting, B: numerisches Setting, C: Kontrollgruppe* unverändert aus Lichti & Roth, 2018).

1.1.5 Forschungsfragen (FF) und Hypothesen

FF1: Welches kombinierte Setting ist wirksamer für das funktionale Denken?
Hypothese: qualitativ > numerisch
Die statische Sicht auf Funktionen und der Fokus auf den Zuordnungsaspekt durch den Messprozess erschweren im numerischen Setting das Kovariationsverständnis. Umgekehrt wird das Erfassen des Zusammenhangs und der Kovariation der beteiligten Größen durch eine qualitative Herangehensweise erleichtert. Zum Verständnis des für Lernende leichteren Zuordnungsaspekts reicht die kürzere Auseinandersetzung mit Wertepaaren gegen Ende der Lernumgebung aus.

FF2: Ist die Kombination aus gegenständlichen Materialien und Simulationen wirksamer für funktionales Denken als ein Training nur mit Simulationen?
Hypothese: Kombination ≠ Simulationen
Einerseits fördert die größere Nähe zwischen Artefakten und Tätigkeiten den Lernprozess und die Vorteile beider Artefakte lassen sich potenziell verbinden. Andererseits kann sich die Genese von mehr beziehungsweise diverseren Nutzungsschemata bei der Kombination nachteilig auf den Lernprozess auswirken. Für die Entwicklung funktionalen Denkens bedarf es nicht zwingend gegenständlicher Materialien, die den Zuordnungsaspekt fördern, da dieser für

Lernende ohnehin leicht zugänglich ist (Malle, 2000). Darüber hinaus könnte das Modellieren eine Erhöhung der kognitiven Last (Sweller et al., 2011) mit sich bringen, sodass weniger Ressourcen für die Entwicklung funktionalen Denkens bereitstehen.

FF3: Ergeben sich auf unterschiedlichen Lernniveaus abweichende Ergebnisse bezüglich der Wirksamkeit der Settings für funktionales Denken?
Hypothese: Gymnasium > Gesamtschule
Wie Schulleistungsstudien mehrfach zeigen (Reinhold et al., 2019) ist ein niedrigeres Kompetenzniveau in der Substichprobe der Gesamtschule zu erwarten. In diesem Zusammenhang ist mit einem Schereneffekt beim Lernzuwachs zu rechnen, wie er bereits mehrfach repliziert wurde (Guill et al., 2017). Bezogen auf die einzelnen Settings könnte der Fokus auf den schwierigeren Aspekt Kovariation eine Überforderung für leistungsschwächere Lernende darstellen, sodass sich in der heterogenen Gruppe kein klarer Vorteil des qualitativen gegenüber dem numerischen Setting zeigt. Dubinsky und Wilson (2013) zeigen hingegen in ihrer Studie, dass sich alle Stufen des Funktionenkonzepts von niedrigen Kompetenzniveaus aus fördern lassen. Bezüglich des Vergleichs von kombinierten Settings gegenüber der rein simulationsbasierten Kontrollgruppe lässt sich vermuten, dass eine Erhöhung der kognitiven Last durch Modellieren (s. o.) sowie die Genese vermehrter und diverserer Nutzungsschemata bei leistungsschwächeren Schülerinnen und Schülern einen größeren Einfluss haben werden, sodass sich dort geringere Lerneffekte in den kombinierten Settings zeigen.

1.1.6   Studiendesign und Auswertungsmethoden

Eine Pilotstudie bestätigt die Vergleichbarkeit des numerischen und des qualitativen Settings hinsichtlich Zeitbedarf und Schwierigkeit (Digel & Roth, 2020b). Die Wirksamkeit beider Settings sowie der Kontrollgruppe wird in der hier vorgestellten Studie mit einem Pre-/Post-Test zum funktionalen Denken evaluiert (FD-short, 27 Items, Online-Version: https://www.geogebra.org/m/vz6f5gmc, Details und Pilotierung siehe Digel & Roth, 2020a). Die Daten werden mit der Item-Response-Theorie ausgewertet.

Die Lernenden sind randomisiert dem numerischen beziehungsweise qualitativen Setting zugeordnet. In die Kontrollgruppe sind jeweils alle Lernenden einer Klasse aufgenommen, um motivatorische Einflüsse durch Fehlen der Materialbox zu vermeiden.

Mit einer dichotomen, eindimensionalen Rasch-Modellierung mit virtuellen Personen werden die Itemschwierigkeiten geschätzt und zur Bestimmung der Personenfähigkeiten fixiert. In mehreren Mixed-ANOVA- (between Setting, Schulform; within Zeitpunkt) und post hoc paarweisen t-Tests mit Bonferroni-Korrektur werden Unterschiede zwischen beiden Settings und der Kontrollgruppe untersucht und wo signifikant dazugehörige Effektstärken berechnet. Eine

Tab. 1.2 Stichprobengrößen N und Effektstärken Cohens d (Pre/Post) der Subgruppen nach Settings Signifikanzniveaus: *** p < .001, ** p < .01, * p < .05

	Qualitatives Setting QS		Numerisches Setting NS		Kontrollgruppe KG		kumuliert
	N	d	N	d	N	d	N
Gesamt	172	.52***	177	.26***	93	.27***	442
Gesamtschule Gymnasium	68	.64***	78	.33***	66	.34***	212
	104	.49***	99	.28***	27	.29***	230

Die Rasch-Modellierung zeigt gute Reliabilitäten in Pre- und Posttest.: $EAP\text{-}Rel_{pre} = .86$ und $EAP\text{-}Rel_{post} = .80$ ($WLE\text{-}Rel_{pre} = .85$ und $WLE\text{-}Rel_{post} = .80)^2$.

Poweranalyse (3 Gruppen, 2 Messzeitpunkte, Power = .9, $\alpha = .05$) ergibt für einen mittleren Effekt ($\eta_p^2 = .06$) in der Mixed ANOVA eine Stichprobengröße von $N = 204$.

1.2 Ergebnisse

Die Gesamtstichprobe der Hauptstudie ($N = 442$, Alter $M = 12.8$ Jahre, $SD = 4.3$, 204 weiblich, 214 männlich, Klassenstufen 6–8, Intervention vor Unterrichts-sequenz zu Funktionen) verteilt sich wie in Tab. 1.2 dargestellt auf die Settings und Schulformen.

1.2.1 Vergleich der Settings in der Gesamtstichprobe

Ergebnisse der ANOVA zu den Forschungsfragen 1 und 2
Die Mixed ANOVA (between Setting, within Zeitpunkt) ergibt zwei signifikante Haupteffekte[3] und einen signifikanten Interaktionseffekt. Ein signifikanter Haupt-effekt zeigt sich bezüglich des Zeitpunkts ($F(1, 439) = 192.22$, $p < .001$, $\eta_p^2 = .37$). Die Ergebnisse im FD-short steigen signifikant mit einem großen Effekt von $M = -..48$ logits ($SD = 1.54$) auf $M = .29$ logits ($SD = 1.12$).

Der zweite signifikante Haupteffekt ergibt sich bezüglich des Settings ($F(1, 439) = 261.32$, $p < .01$, $\eta_p^2 = .05$). Es zeigt sich auch eine signifikante Inter-aktion zwischen Zeitpunkt und Setting mit kleinem Effekt ($F(2, 439) = 5.41$,

---

[2] Es werden zwei Schätzer für Personenparameter angegeben: Mit WLE wird die Fähigkeitsaus-prägung für einzelne Personen am besten ermittelt (vgl. Rost, 2004), EAP ist WLE bezüglich Testeffizienz überlegen (Wang, 2001).

[3] Eine Darstellung zu Haupt- und Interaktionseffekten bei Mixed ANOVA findet sich unter Salkind (2010).

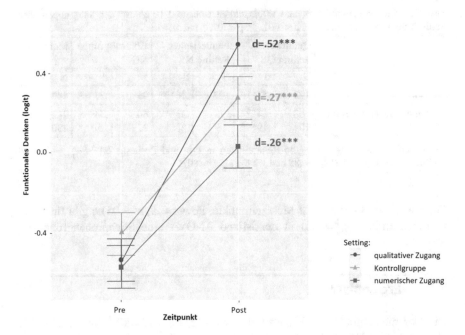

Abb. 1.3 Zuwächse im funktionalen Denken Pre/Post nach Setting QS, NS, KG in der Gesamt-stichprobe

$p = .005$, $\eta_p^2 = .04$), wie auch in Abb. 1.3 an den unterschiedlichen Steigungen der Zuwachsgeraden erkennbar.

Ausgewählte Ergebnisse der Post-hoc-Tests zu den Forschungsfragen 1 und 2
Die beiden Subgruppen numerisches und qualitatives Setting (QS und NS) unter-scheiden sich nicht vor der Intervention ($t(229) = -.18$, $p = .561$) und beide gemeinsam unterscheiden sich auch nicht von der Kontrollgruppe (KG) im Pretest ($t(153) = -.78$, $p = .207$).

Die Ergebnisse im FD-short steigen signifikant in allen drei Gruppen (QS, NS, KG) vom Pre- zum Posttest (Abb. 1.3) mit kleinem bis mittleren Effekt (Effekt-stärken und Signifikanzniveaus s. Tab. 1.2).

1.2.2 Vergleich der Settings in den Schulformen

Ergebnisse der ANOVA zu Forschungsfrage 3
Bezogen auf die Schulform (Abb. 1.4) zeigt die Mixed ANOVA (between Setting und Schulform, within Zeitpunkt) einen signifikanten Haupteffekt des Zeitpunkts ($F(1, 326) = 197.34$, $p < .001$, $\eta_p^2 = .38$) und einen signifikanten Haupteffekt der Schulform ($F(1, 326) = 87.82$, $p < .001$, $\eta_p^2 = .21$). Darüber hinaus ergeben sich zwei signifikante Interaktionseffekte, nämlich zwischen Zeitpunkt und Setting

($F(2, 326) = 5.92$, $p < .005$, $\eta_p^2 = .018$) sowie zwischen Zeitpunkt und Schulform ($F(2, 326) = 9.57$, $p < .005$, $\eta_p^2 = .029$).

Ausgewählte Ergebnisse der Post-hoc-Tests zu Forschungsfrage 3

Bezüglich des Interaktionseffekts zwischen Zeitpunkt und Schulform sind die Unterschiede zwischen Gesamtschule und Gymnasium sowohl im Pretest ($p < .001$) als auch im Posttest ($p < .001$) signifikant.

Lernende an Gymnasien sind im Pretest signifikant besser als Lernende an Gesamtschulen ($t(174) = 8.09$, $p < .001$, $d = .61$). In beiden Schulformen zeigen sich kleine bis mittlere Lerneffekte (GY: $t(425) = 7.08$, $p < .001$, $d = .34$; GS: $t(216) = 5.84$, $p < .001$, $d = .40$).

Bezüglich des Interaktionseffekts zwischen Zeitpunkt und Setting sind die Unterschiede im Pretest zwischen qualitativem und numerischem Setting sowie Kontrollgruppe paarweise nicht signifikant, im Posttest unterscheidet sich lediglich das qualitative Setting jeweils signifikant ($p < .001$) von den anderen.

Die größten Lerneffekte erzielen die Lernenden des qualitativen Settings, sowohl in der Gymnasial- als auch in der Gesamtschulstichprobe (GY: $t(144) = 5.83$, $p < .001$, $d = .48$; GS: $t(70) = 5.33$, $p < .001$, $d = .64$). In beiden Teilstichproben sind die Lerneffekte des numerischen Settings vergleichbar zu der Kontrollgruppe (Abb. 1.4).

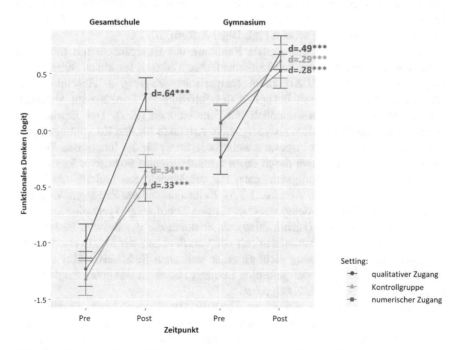

Abb. 1.4 Zuwächse im funktionalen Denken Pre/Post nach Setting QS, NS, KG sowie nach Schulform

1.3   Diskussion und Ausblick

Zunächst ist kritisch anzumerken, dass die Ergebnisse nicht ohne Vorbehalte generalisierbar sind, da sie auf den konkret ausgestalteten Settings dieser Studie beruhen. Die Aussagekraft wird auch durch die auf das qualitative und numerische Setting beschränkte Randomisierung (s. Abschn. 1.1.6) sowie die fehlende Balance der Subgruppen limitiert. Zwar entsprechen sich die Stichprobengrößen beider Experimentalsettings, sie sind jedoch deutlich größer als die Kontrollgruppe. Auch die Stichproben am Gymnasium und an der Gesamtschule sind nicht von vergleichbarem Umfang. Dies ist auf die wechselhaften Unterrichtsbedingungen durch die Pandemie zurückzuführen.

Die Ergebnisse der Gesamtstichprobe zeigen jedoch bereits deutlich, dass zwar alle drei Experimentierumgebungen das funktionale Denken signifikant fördern, sich mit dem qualitativen Setting ein deutlich größerer Lerneffekt erzielen lässt als mit dem numerischen Setting und der Kontrollgruppe. Der qualitative Zugang mit einem dynamischen Fokus auf Kovariation scheint lernwirksamer für das funktionale Denken zu sein als die beiden anderen. Damit bestätigen sich die Hypothesen zu FF1: Die dynamische Sicht auf die beteiligten Größen von Beginn an und die qualitative Betrachtung schaffen Gelegenheiten, dynamisch über Kovariation zu argumentieren (Thompson & Carlson, 2017), und umgehen die für Kovariation hinderliche statische Sichtweise (Johnson, 2015), sodass der Kovariationsaspekt zugänglich wird. Dies geht auch nicht zu Lasten des Zuordnungsaspekts, für den eine kürzere Auseinandersetzung gegen Ende der Intervention auszureichen scheint (vgl. Digel & Roth, 2021).

Demgegenüber bringt die digitale Rahmung der Experimente mit möglichst hoher Passung von Artefakt und mathematischer Tätigkeit für einen verbesserten Lernprozess (Drijvers, 2020) allein (numerischer Zugang, s. Abschn. 1.1.4) keinen signifikanten Vorteil bezüglich des funktionalen Denkens im Vergleich zum Experimentieren ausschließlich mit Simulationen (FF2). Der Einsatz von gegenständlichen Materialien als geeignetere Artefakte für den Zuordnungsaspekt (Lichti, 2019) scheint hier insgesamt nicht förderlicher für das funktionale Denken zu sein. Das lässt sich etwa durch einen erhöhten Bedarf kognitiver Ressourcen für die Genese der Nutzungsschemata, für das Modellieren und für die Messwerterfassung erklären (s. Abschn. 1.1.3). Beim qualitativen Zugang könnte das gegenständliche Material demgegenüber für den Zuordnungsaspekt eine sinnvolle Unterstützung darstellen (Lichti, 2019), da er durch die dynamische Perspektive auf den Zusammenhang verbunden mit der Verschiebung der Messwerterfassung ans Ende der Lernumgebung nicht zu einer statischen Sichtweise führt und der Anteil für Zuordnung an der gesamten Lernzeit besser zu der guten Zugänglichkeit dieses Aspekts (Malle, 2000) passt.

Erwartungskonform (Reinhold et al., 2019) liegt das Niveau funktionalen Denkens der Lernenden an Gesamtschulen vor der Intervention signifikant ($d = .61$) unter dem der Lernenden an Gymnasien (FF3). Der erwartete Schereneffekt (Guill et al., 2017) zeigt sich in dieser Studie hingegen nicht. Im Gegenteil, der Lernzuwachs fällt für die Lernenden an Gesamtschulen signifikant höher aus. Daraus lässt sich zunächst folgern, dass die Aspekte funktionalen Denkens auch für niedrigere Kompetenzniveaus zugänglich sind (Dubinsky & Wilson, 2013). Für den höheren Lernzuwachs an der Gesamtschule bieten sich folgende Erklärungsansätze an: Entgegen eher arithmetisch orientierten Lerninhalten, die Lernende auf niedrigeren Kompetenzniveaus schnell überfordern können, bietet das forschend-entdeckende Lernen mit offenen Aufgabenstellungen in den Lernumgebungen eine höhere kognitive Aktivierung (Bruder & Prescott, 2013) und ermöglicht eine vertiefte Auseinandersetzung auf unterschiedlichen Kompetenzniveaus. Darstellungs- und Materialwechsel tragen ebenfalls zur Aktivierung bei. Darüber hinaus werden bei der durchgängigen Interaktion mit der Partnerin beziehungsweise dem Partner sowie im Team Beobachtungen und Lösungsansätze verbalisiert sowie diskutiert (Roth et al., 2016) und dabei Co-Konstruktionsprozesse ermöglicht (Vieluf, 2022). So entstehen ebenfalls individualisierte Anknüpfungspunkte für unterschiedliche Kompetenzniveaus.

Übereinstimmend zur Gesamtstichprobe zeigt sich in beiden Schulformen ein signifikant höherer Lernzuwachs im qualitativen Zugang. Der schwierige Aspekt der Kovariation ist im qualitativen Zugang auch von niedrigeren Kompetenzniveaus aus zugänglich, was den Beobachtungen von Dubinsky und Wilson (2013) entspricht. Die für die Gesamtstichprobe diskutierten Folgerungen der Ergebnisse zur ersten Forschungsfrage gelten also sowohl für leistungsstarke als auch leistungsschwache Lernende. Ein explizites Vorgehen entlang der APOS-Stufen (erst Zuordnung, dann Kovariation, vgl. Abschn. 1.1.1) scheint auch für leistungsschwächere Schülerinnen und Schüler nicht vorteilhaft für das funktionale Denken.

Erneut unterscheidet sich der Lernzuwachs im numerischen Zugang nicht signifikant von dem in der Kontrollgruppe, weder an der Gesamtschule noch am Gymnasium. Mit Bezug zur Diskussion der zweiten Forschungsfrage für die Gesamtstichprobe lässt sich vermuten, dass der kognitive Ressourcenbedarf für die Genese der Nutzungsschemata, das Modellieren und die Messwerterfassung (s. Abschn. 1.1.3) auch bei leistungsstarken Lernenden mögliche Vorteile durch geeignetere Artefakte zur Förderung des Zuordnungsaspekts (Lichti, 2019) überdecken beziehungsweise Letztere auf höherem Kompetenzniveau ohne Reduzierung der Auseinandersetzung mit dem Zuordnungsaspekt zugunsten der Kovariation (Johnson, 2015), wie etwa im qualitativen Setting, keinen Vorteil bieten.

Perspektivisch können insbesondere zu Forschungsfrage 3 Mehrebenenanalysen mit latenten Veränderungsmodellen weitere Einblicke in die Daten liefern. Für die Interpretation der vorgestellten quantitativen Ergebnisse bieten sich die qualitative Betrachtung der Schülerdokumente sowie die Analyse von Videosequenzen aus den Interventionen an.

1.4   Fazit

Zusammenfassend lässt sich festhalten, dass ein qualitativer Einstieg zu Funktionen mit digital gerahmten Experimenten 1) Gelegenheit zur Argumentation über Änderungsverhalten (Kovariation) bietet, 2) es damit leistungsstarken und -schwachen Lernenden ermöglicht, sich den schwierigen Aspekt Kovariation zu erschließen, 3) auf unterschiedlichen Kompetenzniveaus die größten Lernerfolge erzielt und 4) einen Mehrwert der digitalen Rahmung von gegenständlichen Experimenten darstellt. Bleibt es jedoch bei einer digitalen Rahmung von Experimenten ohne Verschiebung des Fokus auf dynamische Aspekte, zeigen sich keine größeren Lernzuwächse. Das Vorgehen dieser Arbeit zeigt exemplarisch, wie digitale Unterrichtselemente lernförderlich eingebettet werden können, indem ausgehend von den zu fördernden mathematischen Konzepten digitale Artefakte anhand ihrer Passung zu den intendierten Handlungen eingesetzt werden.

Mit Blick auf den (ergänzenden) Einsatz digitaler Elemente beim Experimentieren im mathematisch-naturwissenschaftlichen Unterricht deuten die Ergebnisse dieser Arbeit darauf hin, dass grundsätzlich für eine lernwirksame Nutzung digitaler Artefakte im Unterricht deren Einbettung entscheidend ist. Erst wenn durch den inhaltlichen Fokus mentale beziehungsweise reale Handlungen induziert werden, für die sich digitale Artefakte besonders eignen, kann deren Potenzial für das Lernen ausgeschöpft werden.

Literatur

Balacheff, N., & Kaput, J. J. (1997). Computer-based learning environments in mathematics. In A. J. Bishop, K. Clements, C. Keitel, J. Kilpatrick, & C. Laborde (Hrsg.), *International Handbook of Mathematics Education* (S. 469–501). Springer.

Blum, W., & Leiß, D. (2005). Modellieren im Unterricht mit der „Tanken"-Aufgabe. *Mathematik lehren, 128*, 18–21.

Breidenbach, D., Dubinsky, E., Hawks, J., & Nichols, D. (1992). Development of the process conception of function. *Educational Studies in Mathematics, 23*, 247–285. https://doi.org/10.1007/BF02309532

Bruder, R., & Prescott, A. (2013). Research evidence on the benefits of IBL. *ZDM, 45*, 811–822. https://doi.org/10.1007/s11858-013-0542-2

Digel, S., & Roth, J. (2020a). A qualitative-experimental approach to functional thinking with a focus on covariation. In A. Donevska-Todorova, E. Faggiano, J. Trgalova, Z. Lavicza, R. Weinhandl, A. Clark-Wilson, & H.-G. Weigand (Hrsg.), *Proceedings of the 10th ERME Topic Conference on Mathematics Education in the Digital Age (MEDA) 2020* (S. 167–174). Johannes Kepler University.

Digel, S., & Roth, J. (2020b). Ein qualitativ-experimenteller Zugang zum funktionalen Denken mit dem Fokus auf Kovariation. In H.-S. Siller, W. Weigel, & J. F. Wörler (Hrsg.), *Beiträge zum Mathematikunterricht 2020* (S. 1141–1144). WTM-Verlag.

Digel, S., & Roth, J. (2021). Do qualitative experiments on functional relationships foster covariational thinking? In M. Inprasitha, N. Changsri, & N. Boonsena (Hrsg.), *Proceedings of the 44th Conference of the International Group for the Psychology of Mathematics Education* (Bd. 2, S. 218–226). PME.

Doorman, M., Drijvers, P., Gravemeijer, K., Boon, P., & Reed, H. (2012). Tool use and the development of the function concept: From repeated calculations to functional thinking. *International Journal of Science and Mathematics Education, 10*(6), 1243–1267. https://doi.org/10.1007/s10763-012-9329-0

Drijvers, P. (2020). Embodied instrumentation: Combining different views on using digital technology in mathematics education. *Eleventh Congress of the European Society for Research in Mathematics Education*, Utrecht University, Feb 2019. <hal-02436279>. Zugegriffen: 07. Juni 2022.

Dubinsky, E., & Wilson, R. T. (2013). High school students' understanding of the function concept. *The Journal of Mathematical Behavior, 32*(1), 83–101. https://doi.org/10.1016/j.jmathb.2012.12.001

Guill, K., Lüdtke, O., & Köller, O. (2017). Academic tracking is related to gains in students' intelligence over four years: Evidence from a propensity score matching study. *Learning and Instruction, 47*, 43–52. https://doi.org/10.1016/j.learninstruc.2016.10.001

Ganter, S. (2013). *Experimentieren – ein Weg zum funktionalen Denken. Empirische Untersuchung zur Wirkung von Schülerexperimenten.* Kovač.

Goldenberg, P., Lewis, P., & O'Keefe, J. (1992). Dynamic representation and the development of an understanding of function. In G. Harel & E. Dubinsky (Hrsg.), *The concept of function: Aspects of epistemology and pedagogy* (S. 235–260). Mathematical Association of America.

Johnson, H. L. (2015). Together yet separate: Students' associating amounts of change in quantities involved in rate of change. *Educational Studies in Mathematics, 89*(1), 89–110. https://doi.org/10.1007/s10649-014-9590-y

Malle, G. (2000). Zwei Aspekte von Funktionen: Zuordnung und Kovariation. *mathematik lehren, 103*, 8–11.

Lichti, M. (2019). *Funktionales Denken fördern: Experimentieren mit gegenständlichen Materialien oder Computer-Simulationen.* Springer.

Lichti, M., & Roth, J. (2018). How to foster functional thinking in learning environments: Using computer-based simulations or real materials. *Journal for STEM Education Research, 1*(1–2), 148–172. https://doi.org/10.1007/s41979-018-0007-1

Nitsch, R. (2015). *Diagnose von Lernschwierigkeiten im Bereich funktionaler Zusammenhänge.* Springer.

Rabardel, P. (2002). *People and technology: A cognitive approach to contemporary instruments.* University of Paris 8, <hal-01020705>. Zugegriffen: 07. Juni 2022.

Reinhold, F., Reiss, K., Diedrich, J., Hofer, S., & Heinze, A. (2019). Mathematische Kompetenz in PISA 2018 – aktueller Stand und Entwicklung. In: K. Reiss, M. Weis, E. Klieme, & O. Köller (Hrsg.), *PISA 2018. Grundbildung im internationalen Vergleich* (S. 187–209). Waxmann.

Rost, J. (2004). *Lehrbuch Testtheorie – Testkonstruktion.* Huber.

Roth, J., Schumacher, S., & Sitter, K. (2016). (Erarbeitungs-)Protokolle als Katalysatoren für Lernprozesse. In M. Grassmann & R. Möller (Hrsg.), *Kinder herausfordern – Eine Festschrift für Renate Rasch.* (S. 194–210). Franzbecker.

Salkind, N. J. (2010). *Encyclopedia of Research Design* (Bd. 2). Sage.

Sproesser, U., Vogel, M., Dörfler, T., & Eichler., A. (2022). Changing between representations of elementary functions: Students' competencies and differences with a specific perspective on school track and gender. *International Journal of STEM Education, 9*(33). https://doi.org/10.1186/s40594-022-00350-2.

Stellmacher, H. (1986). Die nichtquantitative Beschreibung von Funktionen durch Graphen beim Einführungsunterricht. In G. von Harten, H. N. Jahnke, T. Mormann, M. Otte, F. Seeger, H. Steinbring, & H. Stellmacher (Hrsg.), *Funktionsbegriff und funktionales Denken* (S. 21–34). Aulis Deubner.

Sweller, J., Ayres, P., & Kalyuga, S. (2011). *Cognitive load theory.* Springer.

Thompson, P. W., & Carlson, M. P. (2017). Variation, covariation, and functions: Foundational ways of thinking mathematically. In J. Cai (Hrsg.), *Compendium for research in mathematics education* (S. 421–456). National Council of Teachers of Mathematics.

Vieluf, S. (2022). Wie, wann und warum nutzen Schüler*innen Lerngelegenheiten im Unterricht? Eine übergreifende Diskussion der Beiträge zum Thementeil. *Unterrichtswissenschaft, 50*, 265–286. https://doi.org/10.1007/s42010-022-00144-z

Vollrath, H.-J. (1989). Funktionales Denken. *Journal für Mathematikdidaktik, 10*(1), 3–37.

Wang, S. (2001). Precision of warm's weighted likelihood estimates for a polytomous model in computerized adaptive testing. *Applied Psychological Measurement, 25*(4), 317–331. https://doi.org/10.1177/01466210122032163

Digitale Lernumgebungen zur Vor- und Nachbereitung realer Experimentiereinheiten

Sascha Neff⊙, Alexander Engl⊙ und Björn Risch

Inhaltsverzeichnis

2.1 Blended Learning in komplexen Inhaltsdomänen

Die entwickelten virtuellen Labore orientieren sich inhaltlich an dem Thema „Gewässeranalytik" und bieten einen verbindenden Ansatz der Fächer Biologie, Chemie und Erdkunde. Sie erweitern reale Laborversuche um eine virtuelle

S. Neff (✉) · A. Engl · B. Risch
Institut für naturwissenschaftliche Bildung, Universität Koblenz-Landau,
Landau, Deutschland
E-Mail: neff@uni-landau.de

A. Engl
E-Mail: engl@uni-landau.de

B. Risch
E-Mail: risch@uni-landau.de

Lernumgebung (Neff et al., 2021). Zur kognitiven Entlastung der Lernenden werden die Gestaltungsprinzipien nach Clark und Mayer (2011) berücksichtigt. Mayer (2009) entwickelte Experimente, in deren Verlauf Teilnehmenden isoliert diskrete Merkmale einer multimedialen Repräsentation dargeboten wurden. Die abgeleiteten Designkriterien wurden anhand des Transferwissenszuwachses ermittelt und erfüllen die Forderungen des von Mayer (2009) vorgeschlagenen Modells zum Prozess des Lernens mit Multimedia. Des Weiteren wird durch eine optimierte Oberflächenstruktur der virtuellen Labore den Erkenntnissen der *Cognitive Load Theory* (u. a. Chandler & Sweller, 1991) Rechnung getragen. So wurden beispielsweise Grafiken und Animationen eigens für die vorliegende Lernumgebung erstellt, um eine gleichermaßen einheitliche wie auch fokussierte Darstellungsform sicherzustellen. Insbesondere die Vermeidung irrelevanter Bildinhalte (Seductive Details) wurde dabei berücksichtigt.

Im Fokus des Blended-Learning-Konzeptes – virtuelle Labore dienen zur digitalen Vor- und Nachbereitung realer Experimentiereinheiten – steht neben den fachlichen Inhalten das Ziel der kompetenten und zielgerichteten Nutzung digitaler Werkzeuge und Technologien für Problemlösung, Konstruktion von Wissen sowie Datenanalyse (Redecker, 2017; KMK, 2017). Diese Fertigkeiten werden verstärkt von Lehrenden eingefordert. Folglich ist einerseits eine Förderung des Kompetenzzuwachses auf der Seite der Lehrenden als auch andererseits ein Beitrag zur Befähigung an der gesellschaftlichen Teilhabe im digitalen Raum für die Lernenden ein Ziel dieser Lerneinheit (Ghomi et al., 2020; Koehler & Mishra, 2009).

In diesem Zusammenhang wurden die Potenziale multimedialer Lernmedien und deren Nutzung hinterfragt. Insbesondere für inhaltlich komplexe und stark verzweigte Themengebiete (vgl. „ill-structured domains" der *Cognitive Flexibility Theory* nach Spiro et al. (1988)) gilt die Nutzung multipler Repräsentationen als förderlich für den Erwerb von Transferwissen. Dabei werden Lernende gezielt durch multiple rezeptive Kanäle angeregt. Bezogen auf die virtuellen Labore zur Gewässeranalytik sind die Kriterien der „ill-structuredness" einer komplexen Inhaltsdomäne als erfüllt zu betrachten: Die Komplexität der im Ökosystem (Fließ-)Gewässer interdependenten Bedingungsfaktoren sowie fallabhängig wechselnde Problemstellungen und Lösungen spiegeln gleichermaßen die Komplexität des realen Lerngegenstandes als auch der zu vermittelnden Inhaltsdomäne wider. Somit erscheint eine Einbindung sinnstiftender digitaler multipler Repräsentationen entlang der aus der *Cognitive Flexibility Theory* abgeleiteten *Random Access Instruction* (Spiro et al., 1992) und deren Gestaltungskriterien zielführend.

Im Folgenden wird die inhaltliche Struktur der virtuellen Labore exemplarisch am Kurs zur Sauerstoffsättigung eines Gewässers dargestellt, diese in den rheinland-pfälzischen Lehrplänen verortet sowie ausgewählte Aspekte des begleitenden Forschungsvorhabens erläutert.

2.2   Virtuelles Labor zur Sauerstoffsättigung eines Gewässers

Die Vorstellung der Inhalte des virtuellen Labors zur Sauerstoffsättigung erfolgt entlang der dem Kurs immanenten Struktur (1. Orientierung, 2. Grundlagen, 3. Experiment, 4. Anwendung, 5. Reflexion; Abb. 2.1), welche hier um fachliche Hintergrundinformationen für Lehrende ergänzt wurden. Im Zuge der Lerneinheit können vorrangig die Inhalte des *Themenfelds 9: Den Stoffen auf der Spur* für das Fach Chemie, aber auch des *Themenfelds 5: Ökosysteme im Wandel* für das Fach Biologie des Lehrplans in der Sekundarstufe I in Rheinland-Pfalz erarbeitet oder vertieft werden (Ministerium für Bildung, Wissenschaft, Weiterbildung und Kultur, 2014). Die Ausrichtung auf eine instrumentelle quantitative Maßanalytik schafft zudem explizite Anknüpfungspunkte für den Chemieunterricht in der Oberstufe im Baustein „Analytik in Anwendungen" (Grundfach Chemie) durch fachübergreifende Gewässeruntersuchungen in Verbindung mit dem Fach Biologie (Ministerium für Bildung, Wissenschaft und Weiterbildung Rheinland-Pfalz, 1998b).

Die Erarbeitung der Inhalte mithilfe der virtuellen Labore wird sowohl in der Phase der Vorbereitung (Doppelstunde 1) als auch in der Phase der Nachbereitung (Doppelstunde 3) in Partnerarbeit umgesetzt. Die experimentell ausgerichtete Phase (Doppelstunde 2) findet in Kleingruppenarbeit im Freiland („außerschulische Lernumgebung") statt (Abb. 2.1). Das vorangestellte virtuelle Labor zu „Aufbau und Bedienung der Messgeräte" wird als Hausaufgabe von den Lernenden eigenständig vorbereitet.

Der grundlegende Aufbau („Bausteinprinzip") sowie die Sequenzierung der Inhalte sind an die instruktionspsychologisch fundierten Lehr-Lern-Schritte nach Leutner und Wirth (2018) angelehnt. Die fünf grundlegenden Bausteine gliedern jedes virtuelle Labor ähnlich, sodass ein hoher Wiedererkennungswert und eine einfache Orientierung gewährleistet werden. Die Bausteine sind inhaltlich wie folgt strukturiert:

Abb. 2.1 Verlauf der Lerneinheit. Dargestellt ist die Zuordnung der Bausteine der virtuellen Labore zu den jeweiligen Doppelstunden (je 90 min)

2.2.1 Orientierung

Der Einstieg mithilfe eines authentischen Videoberichts zum Thema Sauerstoffmangel in Gewässern erzeugt eine realistische Problemstellung. So schafft der
Kontext anknüpfungsfähiges Wissen mit Relevanz für Alltag und Berufswelt und
bildet die Intentionen des Lehrplans für das Fach Chemie mit ab (Ministerium
für Bildung, Wissenschaft, Weiterbildung und Kultur, 2014). Zur Einführung in
die Messmethoden zum Parameter Sauerstoff werden die Winkler-Titration sowie
elektrochemische Messverfahren benannt. Weiterhin werden Lernvoraussetzungen
und Lernziele formuliert (Tab. 2.1). Der für alle virtuellen Labore identische Weg-
weiser dient zur Transparenz der Struktur und der Bedienelemente des Kurses.

2.2.2 Grundlagen

Sauerstoff ist eine der bedeutendsten Lebensgrundlagen in aquatischen Öko-
systemen. Für die Löslichkeit von Sauerstoff in Wasser gilt das Gesetz von Henry.
Die physikalische Löslichkeit von Gasen in Flüssigkeiten in Abhängigkeit vom
Partialdruck des jeweiligen Gases über der Flüssigkeit sowie einer temperatur-
abhängigen Konstante wird hier dargelegt und visuell unterstützt. Die Problematik
des Teilchen-in-Kontinuumskonzepts wird in Anlehnung an die Empfehlung nach
Schmidt (2010) im Sinne der metakonzeptuellen Kompetenz thematisiert.

Sauerstoffeinträge in Gewässer können physikalischer wie auch biogener Natur
sein. Physikalische Einträge kommen durch intensiven Kontakt mit dem Luft-
sauerstoff, insbesondere bei starker Durchmischung, Verwirbelung und höheren
Fließgeschwindigkeiten des Wasserkörpers zustande. Belebte Bereiche im Wasserkörper, etwa durch Wind, Wellen oder ein unebenes Flussbett, begünstigen dabei
aufgrund der erhöhten Kontaktfläche mit der Luft die Diffusion von Sauerstoff in
das Wasser (Abb. 2.2). Durch die Abgabe von Sauerstoff in das Gewässer im Zuge
ihrer Assimilation bestimmen Wasserpflanzen den biogenen Beitrag zur Sauerstoffsättigung. Diese Vorgänge bieten Anknüpfungspunkte zum Fach Biologie,
insbesondere zu *Themenfeld 4: Pflanze, Pflanzenorgane, Pflanzenzellen,* sowie für
einen fächerverbindenden Unterricht.

Bakterielle Atmung und der Abbau organischer Materie sind auf Sauerstoff
angewiesen. Der biologische Sauerstoffbedarf gilt daher auch als Gradmesser für
die biologische Aktivität eines Gewässers. Insbesondere eutrophe Wasserkörper
sind aufgrund des erhöhten Gehaltes an absterbender organischer Materie von
hoher Sauerstoffzehrung betroffen. Darüber hinaus benötigen auch chemische
Abbauprozesse Sauerstoff zur Oxidation. Fehlt dieser Sauerstoff, kann das so
vorliegende reduzierende Milieu zur Freisetzung weiterer Nähr- und Schad-
stoffe und damit zu einer weiteren Beeinträchtigung des Gewässers führen (Smol,
2008). Ein Querbezug zum Chemielehrplan-*Themenfeld 11: Stoffe im Fokus von
Umwelt und Klima* unter Berücksichtigung der Interdependenz von Nährstoffein-
trägen und Sauerstoffsättigung eines Gewässers sowie zu dem damit verbundenen

Tab. 2.1 Lernziele im virtuellen Labor zur Sauerstoffsättigung sowie adressierte Bildungsstandards (KMK, 2005) und Anforderungsbereiche (AFB). F = Fachwissen, E = Erkenntnisgewinnung, K = Kommunikation, B = Bewertung

Bildungsstandards (Die Lernenden …)	AFB	Lernziele (Die Lernenden …)
K 4: … beschreiben, veranschaulichen oder erklären chemische Sachverhalte unter Verwendung der Fachsprache …	I	… können die Eintragswege von Sauerstoff in Gewässer wiedergeben
K 8: … argumentieren fachlich korrekt und folgerichtig	II	… können den Zusammenhang zwischen Temperatur und Sauerstoffsättigung eines Gewässers erklären
K 4: … beschreiben, veranschaulichen oder erklären chemische Sachverhalte unter Verwendung der Fachsprache …	I-II	… können zwischen Sauerstoffsättigung und Sauerstoffgehalt einer Probe unterscheiden
F 2.2: … nutzen ein geeignetes Modell zur Deutung von Stoffeigenschaften auf Teilchenebene	II	… können erklären, wie Diffusionsprozesse an der Grenzfläche Gas/Flüssigkeit ablaufen
E 3: … führen qualitative und einfache quantitative experimentelle und andere Untersuchungen durch und protokollieren diese	II	… können die Sauerstoffsättigung wässriger Lösungen mithilfe des vorgestellten Messsystems eigenständig ermitteln und berechnen
B 3: … nutzen fachtypische und vernetzte Kenntnisse und Fertigkeiten, um lebenspraktisch bedeutsame Zusammenhänge zu erschließen	III	… können die Bedeutung der Sauerstoffsättigung für das Ökosystem Gewässer erläutern und die Auswirkungen abweichender Werte abschätzen/beurteilen
E 6: … finden in erhobenen oder recherchierten Daten Trends, Strukturen und Beziehungen, erklären diese und ziehen geeignete Schlussfolgerungen	II-III	… können mögliche Ursachen für den Verlauf der Sauerstoffsättigung eines Gewässers im Tages- und Jahreszeitenverlauf auf reale Messdaten anwenden und so Trends in den Datenstrukturen diskutieren
K 7: … dokumentieren und präsentieren den Verlauf und die Ergebnisse ihrer Arbeit situationsgerecht und adressatenbezogen	II	… nutzen wechselnde Darstellungsformen (Messwerte, Grafiken, Tabellen) zur Auswertung und Kommunikation ihrer Messdaten
B 2: … erkennen Fragestellungen, die einen engen Bezug zu anderen Unterrichtsfächern aufweisen und zeigen diese Bezüge auf	II	… können die Bedeutung des Sauerstoffgehalts eines Gewässers für dessen Flora und Fauna unter Berücksichtigung biologischer Prozesse darlegen

Stickstoffkreislauf ist intendiert (Ministerium für Bildung, Wissenschaft, Weiterbildung und Kultur, 2014).

Ferner zehren auch sauerstoffproduzierende Wasserpflanzen im Zuge ihres Tag-Nacht-Zyklus bei Dunkelheit Sauerstoff. Die Lernenden interpretieren zunächst ein Diagramm, welches die Sauerstoffsättigung im Tagesverlauf im Laborversuch zeigt und begründen den Verlauf anhand der zuvor dargelegten Prozesse. Anschließend erfolgt der Transfer auf den Tagesverlauf anhand realer Messdaten

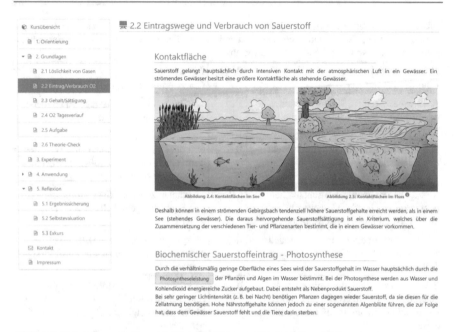

Abb. 2.2 Darstellung der theoretischen Grundlagen mit interaktiven Elementen

(Abb. 2.3). Zur Vertiefung in der Sekundarstufe II eignen sich die Pflichtbausteine zur Photosynthese in Theorie und Praxis, in denen Assimilation und Tag-Nacht-Zyklen von Wasserpflanzen und damit die Sauerstoffsättigung eines Gewässers näher betrachtet werden können. Im virtuellen Labor können hierzu reale Mess-daten des Tagesverlaufs mit Labormesswerten abgeglichen und ebenfalls auf einen Jahresverlauf angewandt werden.

Zur Beurteilung eines Gewässers sind sowohl der absolute Sauerstoffgehalt als auch die prozentuale Sauerstoffsättigung relevant. Während die Sättigung als prozentualer Anteil des bei gegebener Wassertemperatur maximal möglichen Sauerstoffgehalts Aufschluss über die Güte eines Gewässers geben kann, können die meisten Fische temperaturunabhängig Sauerstoffgehalte unter 4 mg/L nicht tolerieren (Smol, 2008).

2.2.3 Experiment

Die Messung des Sauerstoffgehalts erfolgt mittels einer galvanischen Elektrode (Abb. 2.4). Hierbei handelt es sich um einen amperometrischen *Mackereth-Sensor* mit Blei-Anode und Silber-Kathode, welche in Natriumhydroxid als Elektrolyt eingebettet und zum zu messenden Medium hin mittels einer permeablen Membran abgeschlossen sind (Mackereth, 1962). Die Blei-Atome der Anode werden oxidiert und liegen anschließend als Pb^{2+}-Ionen in gelöster Form vor

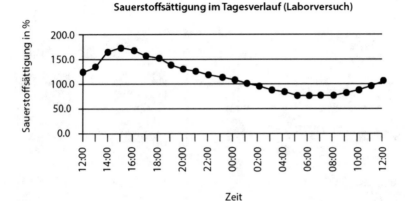

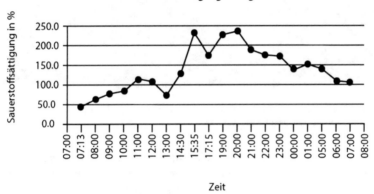

Abb. 2.3 Gegenüberstellung des Sauerstoff-Tagesverlaufs im Laborversuch und in der realen Messdatenerhebung in einem Gewässer

(Formel 2.1). Die Übertragung der freigewordenen Elektronen an die Kathode ermöglicht eine Reduktion der durch die Membran eindringenden Sauerstoff-Moleküle zu Hydroxydionen (Formel 2.2). So entsteht Blei(II)-Hydroxid (Formel 2.3). Möglich wird diese Reaktion durch die geringfügige Löslichkeit von elementarem Blei in Natronlauge. Die galvanische Fülllösung in der Elektrode enthält 35 % Natronlauge (0,5 M) und stellt somit gleichermaßen das Wasser für die Kathodenreaktion als auch ein elektrolytisches Medium für das galvanische Blei-/Silber-Element bereit.

$$\text{Anodenreaktion}: \quad Pb_{(s)} \rightarrow Pb^{2+}_{(aq)} + 2e^- \tag{2.1}$$

$$\text{Kathodenreaktion}: \quad O_{2(g)} + 2H_2O_{(l)} + 4e^- \rightarrow 4OH^-_{(aq)} \tag{2.2}$$

$$\text{Gesamtreaktion}: \quad 2Pb_{(s)} + O_{2(g)} + 2H_2O_{(l)} \rightarrow 2Pb(OH)_{2(s)} \tag{2.3}$$

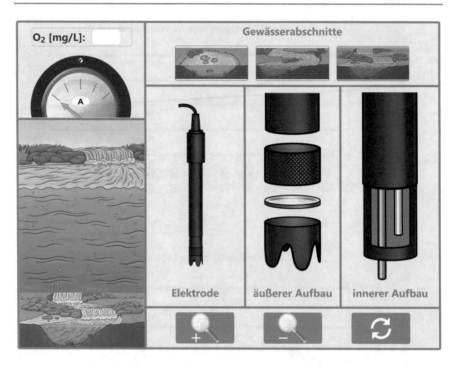

Abb. 2.4 Simulation der Sauerstoffmessung im virtuellen Labor. Rechts im Bild der schematische Aufbau des Mackereth-Sensors

In besonderem Maße wird durch die Nutzung analytischer Instrumente nach aktuellem Stand der Technik der Forderung des Lehrplans nachgekommen, wonach „in einem zeitgemäßen Chemie-Unterricht … auch die moderne Analytik Eingang [findet]" (Ministerium für Bildung, Wissenschaft, Weiterbildung und Kultur, 2014, S. 82). Weitere fächerübergreifende Anknüpfungen ergeben sich mit dem Fach Physik, insbesondere im *Themenfeld 11: Sensoren im Alltag* (Ministerium für Bildung, Wissenschaft, Weiterbildung und Kultur, 2014).

Als Leitfragen zur Datenerhebung und -auswertung im Verlauf der realen Experimentiereinheit dienen taxonomisch aufeinander aufbauende, kompetenzorientierte Aufgabenstellungen. Die Versuchsdurchführung wird den Lernenden sowohl in Form einer druckbaren Anleitung wie auch als Lehrvideo einer exemplarischen Durchführung bereitgestellt. Darüber hinaus werden die beschriebenen Elektrodenvorgänge in eine interaktive Simulation eingebettet (Abb. 2.5).

Eine Auswertung erfolgt mithilfe bereitgestellter Messdaten. Anhand der Messdaten und der Beschreibung der Messstellen sollen die Lernenden mögliche Zusammenhänge auch unter Berücksichtigung der Messzeitpunkte und möglicher Tendenzen erörtern.

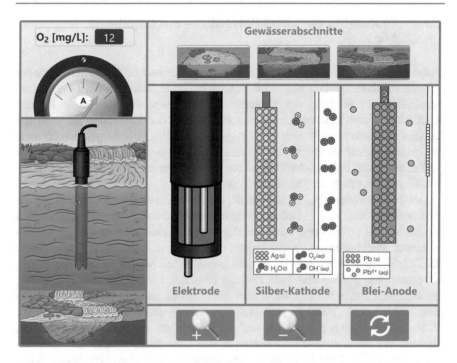

Abb. 2.5 Simulation der Sauerstoffmessung im virtuellen Labor. Rechts im Bild die animierten Elektrodenvorgänge auf Teilchenebene

2.2.4   Anwendung

Im Kapitel Anwendung werden die Löslichkeit von Gasen in Flüssigkeiten am Beispiel der Aufsättigung des Gewebes beim Gerätetauchen und die Problematik der Dekompression thematisiert. Gleichermaßen wird auch die Kontextualisierung aus dem Einstieg erneut aufgegriffen. In der Vertiefung ist hierzu ein Experten-Interview hinterlegt, welches die Bedeutung anthropogener Einflüsse auf Fischsterben durch Sauerstoffmangel klar herausstellt. Abseits der naturwissenschaftlichen Fächer ergeben sich so Anknüpfungspunkte zum Fach Erdkunde im *Lernfeld II.3 – Exogene Naturkräfte verändern Räume* (Ministerium für Bildung, 2021).

2.2.5   Reflexion

Im virtuellen Labor werden neben der druckbaren Ergebnissicherung auch eine Selbstevaluation mit Verlinkung zu den jeweiligen Teilkapiteln zur Wiederholung sowie ein Exkurs angeboten. Der Exkurs zeigt Möglichkeiten auf, einer Sauerstoff-Untersättigung entgegenzuwirken. Dabei werden in diesem Kapitel auch die Nachteile solcher Eingriffe in ein Ökosystem betrachtet.

2.3   Evaluation der virtuellen Labore mit Logfile-Analysen

Das übergeordnete Ziel des Projektvorhabens ist eine nachhaltige Verankerung der virtuellen Labore als Innovation im Unterricht. Dazu bedarf es einer Evaluation hinsichtlich der Nutzung der virtuellen Labore sowie deren Eignung für den schulischen Unterricht sowohl aus der Perspektive der Lehrenden als auch der Lernenden. Zudem stellt sich die Frage nach Gelingensbedingungen für eine erfolgreiche Implementation der virtuellen Labore in den schulischen Kontext. Neff et al. (2020) entwickelten hierzu ein qualitativ-induktiv hypothesengeleitetes Modell zur Erfassung der Transferbarrieren.

Das Forschungsprojekt ist nahezu abgeschlossen und zeichnet sich durch die Beantwortung von vier Forschungsfragen aus. Forschungsfrage 1) widmet sich den im Modell postulierten Barrieren der Implementation. Lehrpersonen wurden in einem systematischen, mehrstufigen Verfahren mit Rückkopplung – einer Art Delphi-Studie – zu dem im Projekt entwickelten Modell befragt. Im Ergebnis wurde dem Modell eine gute Passung attestiert. Eine detaillierte Darstellung der Methodik sowie ein Überblick über die qualitativen und quantitativen Ergebnisse ist Neff et al. (2020) zu entnehmen. Forschungsfrage 2) bezieht sich auf die Sicht der Lehrenden hinsichtlich der Anforderungen an digitale Innovationen. Strukturierte, qualitative Rückmeldungen der Lehrenden, welche im Zuge der zuvor erwähnten Interviews gewonnen wurden, verweisen hier insbesondere auf das Erfordernis der Adaptierbarkeit und des unmittelbaren Feedbacks an die Lernenden (Neff et al., 2021). Forschungsfrage 3) setzt sich mit der aktuellen Motivation, dem Flow-Erleben sowie dem Cognitive Load seitens der Lernenden beim Nutzen der virtuellen Labore auseinander. Explorativ-deskriptive Ergebnisse weisen über alle Konstrukte auf eine positive Rezeption durch die Lernenden hin und attestieren der Lernumgebung eine akzeptable bis gute Usability. Messwiederholte Mittelwertsvergleiche über drei Testzeitpunkte zeigen teils signifikante Abweichungen im Verlauf der Erhebung (Neff et al., 2020).

Nachfolgend wird auf die Forschungsfrage 4) ausführlicher eingegangen, welche die Nutzungsmuster der virtuellen Labore („digitale Lernpfade") in den Fokus nimmt. Diese können anhand der im Lernmanagementsystem OpenOLAT erzeugten Logfiles erstellt werden. Bei OpenOLAT handelt es sich um ein einheitliches Lernmanagementsystem für die rheinland-pfälzischen Hochschulen und Universitäten, welches auf den Technologien HTML5, JavaScript und CSS basierend die browserbasierte und damit endgeräteunabhängige Gestaltung virtueller Inhalte bis hin zu interaktiven Simulationen und Prüfungssettings zulässt. Zur Datenauswertung werden aus den Rohdaten (anonymisierter nutzerbezogener Zeitstempel für jeden Kurs- und Kapitelaufruf) anonymisiert personenbezogene Bearbeitungsverläufe generiert und grafisch dargestellt. Darüber hinaus werden häufig wiederkehrende Klickmuster innerhalb des Kurses *(Sequential Patterns)* und deren Häufigkeiten ermittelt. Methodisch erfolgt die Auswertung der Nutzerdaten mithilfe des Statistikprogramms R. Jeder Kapitelaufruf innerhalb des

Kurses wird mit einer anonymisierten Nutzerkennung und einem Zeitstempel versehen und abgelegt. So lässt sich der Bearbeitungsverlauf eines jeden Nutzenden sekundengenau nachvollziehen. Zur besseren Abgrenzung der einzelnen Arbeitsphasen werden die Logdateien in zwei Sessions je Schülerin und Schüler unterteilt. Diese Unterscheidung wird im Datenmanagement durch einen zeitlichen Abstand zwischen erstem und zweitem Aufruf des Kurses durch die jeweiligen Nutzenden realisiert, wobei die Bearbeitungspause an der Dauer der Durchführung der Realexperimente orientiert ist.

Ausgehend von diesen Grundannahmen kann eine grafische Betrachtung der Klickpfade und Verweildauern der Nutzenden innerhalb der jeweiligen Session vorgenommen werden. Abweichungen vom vorgesehenen Lernpfad ergeben sich direkt aus dem Klickmuster der jeweiligen Teilnehmenden im Abgleich mit der numerischen Kapitelstruktur der Lernumgebung. Auf diese Weise identifizierte persönliche Lernpfade der Lernenden können weiterhin auf ihre Relevanz untersucht werden. Hierzu erfolgt eine Mustererkennung mithilfe des SPADE-Algorithmus (Zaki, 2001). Dieser ermöglicht die Identifikation wiederkehrender Muster innerhalb eines nahezu beliebigen Datensatzes.

2.3.1   Ergebnisse des Sequential Pattern Mining

Die Ergebnisse zeigen ein heterogenes Bild der Verweildauern innerhalb der Kapitel über alle Nutzenden. Im Mittel lag die Verweildauer in den einzelnen Kapiteln bei 2:47 min (SD = 2:49 min, Median = 53 s, Range: 5 s bis 15:34 min). Auffällig ist hier die hohe Verweildauer innerhalb des Kapitels „1. Orientierung" (Abb. 2.6). Da hier inhaltlich lediglich eine kurze Einführung in den Kontext durch ein Video (Laufzeit 2:25 min) und einen Textabschnitt sowie die Transparentlegung von Lernzielen und Bedienelementen erfolgt, ist dies wenig erwartungskonform.

Insgesamt wurde das vorliegende virtuelle Labor von 23 Lerntandems bearbeitet. Nach zeilenweisem Ausschluss fehlender Werte sowie Unter- und Überschreitungen der plausiblen Verweildauern flossen die Nutzungsdaten von 16 Tandems in die Auswertung mit ein. Die Plausibilität der Verweildauern wurde hierzu anhand der erwarteten minimalen und maximalen Bearbeitungsdauer des jeweiligen Teilkapitels unter Berücksichtigung des inhaltlichen Umfangs und der Komplexität definiert und anhand der realen Daten abgesichert. Eine Analyse der Klickpfade zeigt deutliche Unterschiede sowohl in Reihenfolge als auch in Verweildauern innerhalb der Teilkapitel. Am Beispiel des vorliegenden Kurses lässt sich identifizieren, dass unter den 22 erfassten Lernpfaden nicht ein einziger entlang der stringenten Kapitelstruktur verläuft (Abb. 2.7 zeigt einen annähernd kontinuierlichen Bearbeitungsverlauf). Weiterhin ist feststellbar, dass unter Anwendung der zuvor beschriebenen Parameter alle Teilnehmenden mindestens ein Teilkapitel im Bearbeitungsverlauf nicht aufgerufen haben. Abb. 2.8 illustriert den Bearbeitungsverlauf eines Nutzenden: Deutlich erkennbar sind hier die Sprünge zwischen einzelnen Teilkapiteln sowie die Rückkehr zu

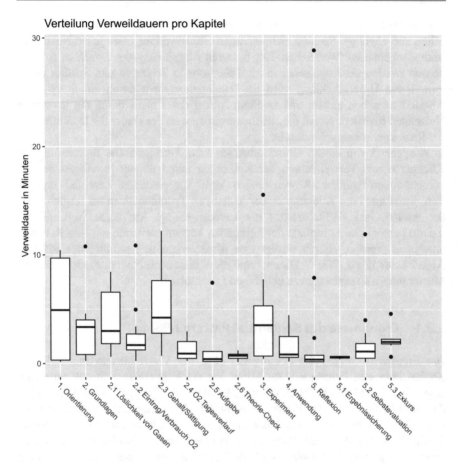

Abb. 2.6 Boxplot-Diagramm der Verweildauern aller Nutzenden ($n = 16$) über alle Teilkapitel

bereits gestarteten Kapiteln. Des Weiteren zeigt sich, dass nicht für alle Nutzenden empirisch zwei Sessions (Vor- und Nachbereitung) abgrenzbar sind (Abb. 2.9).

In der sequenziellen Mustererkennung treten überwiegend numerisch stringente Sequenzen zu Tage. Vereinzelt greifen die Teilnehmenden auf inhaltlich voran-gestellte Teile der theoretischen Grundlagen zu einem späteren Zeitpunkt zu. Darüber hinaus ist eine auffällige Häufung der Zugriffe auf das Teilkapitel „2.2 Eintrag/Verbrauch O_2" ersichtlich. Dieses wird in verschiedensten Abfolgen auf-gesucht. Insgesamt konnten mithilfe des Algorithmus 83 Nutzungssequenzen mit einem Supportfaktor $> 0{,}4$ (absolute Häufigkeit ≥ 7) identifiziert werden. Der Supportfaktor stellt dabei ein Maß für die Häufigkeit des Auftretens der Sequenz, nicht jedoch für deren Strenge (Konfidenz) dar und wird in Relation zur Gesamtzahl der identifizierten Sequenzen angegeben (Agrawal et al., 1996; Bensberg, 2001). Eine solche Sequenz ergibt sich beispielsweise aus der Abfolge

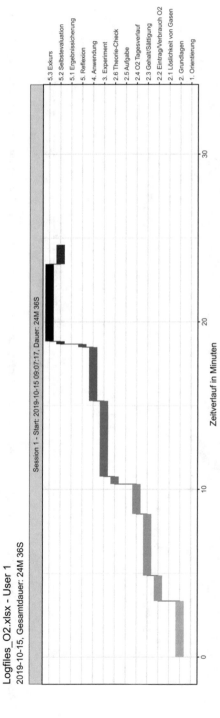

Abb. 2.7 Pfad-Plot User 1. Der Bearbeitungsverlauf stellt sich annähernd angelehnt an die Kapitelstruktur dar

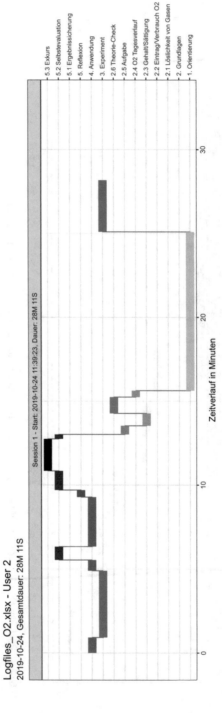

Abb. 2.8 Pfad-Plot User 2. Im Bearbeitungsverlauf sind deutliche Sprünge erkennbar, mehrfach erfolgten Aufrufe zurückliegender Teilkapitel sowie eine hohe Verweildauer im Kapitel „1. Orientierung"

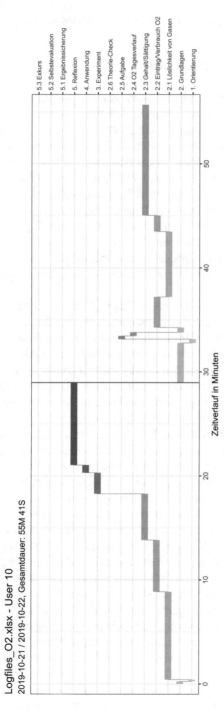

Abb. 2.9 Pfad-Plot User 10. Stetige Bearbeitung in der Vorbereitung, in der Nachbereitung erfolgt ausschließlich der Aufruf der Theoriekapitel. Die beiden Sessions sind durch eine vertikale Trennlinie abgegrenzt und fanden nicht tagesgleich statt

der Kapitelaufrufe 3. Experiment $\rightarrow$ 4. Anwendung $\rightarrow$ 5.2 Selbstevaluation $\rightarrow$ 2.6 Theorie-Check (Supportfaktor 0,5, absolute Häufigkeit 8).

2.3.2 Diskussion und Ausblick

Die teils stark von den Inhalten und deren geschätzter Bearbeitungsdauer abweichenden realen Verweildauern könnten aus den unterschiedlichen Ansprüchen an die Lernsituation innerhalb der Tandems resultieren. Ebenso geben die exemplarisch aufgeführten zahlreichen Rückgriffe auf Teilkapitel der theoretischen Grundlagen Anlass zu der Annahme, dass durch Reflexionsprozesse innerhalb der Tandems ein Rückbezug zur Theorie erforderlich wurde. Weiterhin legt die aktive Sessiondauer bezogen auf die zur Verfügung stehende Gesamtzeit einen Rückgang der Konzentrationsfähigkeit gegen Ende der Lerneinheit nahe, was sich auch durch die teils überdurchschnittlich langen Kapitelaufrufe zeigt.

Eine stärkere Integration der fachlichen Inhalte in den Verlauf der Lerneinheit könnte eine geringere Klickzahl und damit möglicherweise eine effizientere Bearbeitung im Sinne effizienterer Klickmuster und damit optimiert adaptierte Lernpfade ermöglichen.

Insbesondere die Aufrufe des Theoriekapitels (2) im Anschluss an die Selbstevaluation (5.2) verweisen auf eine tendenziell häufige Nutzung der in der Lernumgebung integrierten Hyperlinks. Diese werden in der Selbstevaluation abhängig von der eigenen Kompetenzeinschätzung interaktiv als Link dargeboten. Dieses Feedback-Angebot scheint von den Lernenden angenommen zu werden.

Methodisch ist anzumerken, dass die präsentierten Daten zum Nutzerverhalten in einem nichtklinischen Setting generiert wurden. Insbesondere die Bearbeitung der virtuellen Labore im Tandem, welche aufgrund mangelnder technischer Ressourcen in der Durchführung angezeigt war, lässt hier nur eine bedingte Generalisierbarkeit der Ergebnisse zu und begrenzt gleichzeitig den Stichprobenumfang.

Für weitere Erhebungen dieser Art erscheint eine direkt nutzerbezogene Erhebung der Logfiles unerlässlich, um so einerseits stärker personenorientierte Auswertungen als auch andererseits einen Abgleich mit weiteren erhobenen Personendaten (Neff et al., 2021) zu ermöglichen. Hierzu wäre jedoch ein stärker klinisches Vorgehen mit deutlich erhöhter Verfügbarkeit digitaler Endgeräte erforderlich, was jedoch gleichzeitig mit dem Risiko des Verlusts der Authentizität des Lernsettings einherginge. Weiterhin zeigte sich deutliches Optimierungspotenzial hinsichtlich des Auswertungsaufwandes. Die Nutzung entsprechend präparierter Endgeräte oder Websites mit speziellen Tools zur Logfile-Erhebung und -Analyse könnte hier nach Abwägung datenschutzrechtlicher Vorbehalte eine erhebliche Erleichterung mit sich bringen. Ergänzend ist eine inhaltliche Erfassung der Tätigkeiten der Lernenden während der Bearbeitung der virtuellen Lernumgebung als sinnvoll zu erachten. Mit den vorliegenden Daten können lediglich Aussagen über den Aufruf und das Zeitfenster bis zum nächsten Kapitelaufruf getroffen werden. Screencasts oder videografierte Durchführungen erscheinen hier als zielführende Ergänzung der Logfile-Analyse.

Perspektivisch ermöglichen (ad hoc) generierte Sequential Patterns der Nutzenden in einer virtuellen Lernumgebung die probabilistische Vorhersage der weiteren Schritte eines Lernpfades. Etwa aus dem Online-Marketing bekannte Strategien des Typs „Kunden, die Artikel x und Artikel y kauften, interessierten sich auch für Artikel z", könnten in der Anwendung auf ein Lernsetting dynamische Links oder Inhalte zur Vertiefung und Wiederholung einbinden. Auf diese Weise könnte die Auflösung starrer Lernpfade zugunsten personalisierter Lernerlebnisse einen bedeutenden Beitrag für Individualisierung und integratives Lernen im (naturwissenschaftlichen) Unterricht leisten.

Literatur

Agrawal, R., Mannila, H., Srikant, R., Toivonen, H., & Verkamo, A. I. (1996). Fast discovery of association rules. *Advances in knowledge discovery and data mining, 12*(1), 307–328.

Bensberg, F. (2001). Warenkorbanalyse im Online-Handel. In H. U. Buhl, A. Huther, & B. Reitwiesner (Hrsg.), *Information Age Economy* (S. 103–116). Physica-Verlag HD.

Chandler, P., & Sweller, J. (1991). Cognitive load theory and the format of instruction. *Cognition and Instruction, 8*(4), 293–332.

Clark, R. C., & Mayer, R. E. (2011). *E-learning and the science of instruction: Proven guidelines for consumers and designers of multimedia learning.* Pfeiffer.

Ghomi, M., Dictus, C., Pinkwart, N., & Tiemann, R. (2020). DigCompEduMINT: Digitale Kompetenz von MINT-Lehrkräften. *Kölner Online Journal für Lehrer*innenbildung, 1*(1), 1–22.

Koehler, M. J., & Mishra, P. (2009). What is technological pedagogical content knowledge? *Contemporary Issues in Technology and Teacher Education, 9*(1), 60–70.

Kultusministerkonferenz (KMK). (2005). *Bildungsstandards im Fach Chemie für den Mittleren Schulabschluss: Beschluss vom 16.12.2004.* Luchterhand.

Kultusministerkonferenz (KMK). (2017). *Strategie der Kultusministerkonferenz „Bildung in der digitalen Welt".* o. V.

Leutner, D., & Wirth, J. (2018). Instruktionspsychologie. In D. H. Rost, J. R. Sparfeldt, & S. R. Buch (Hrsg.), *Handwörterbuch Pädagogische Psychologie* (S. 269–277). PVU.

Mackereth, F. J. H. (1962). *Electrolytic Oxygen Sensor.* Patentschrift.

Mayer, R. E. (2009). *Multimedia learning.* Cambridge University Press.

Ministerium für Bildung Rheinland-Pfalz. (2021). *Lehrplan für die gesellschaftswissenschaftlichen Fächer: Erdkunde, Geschichte, Sozialkunde.* MB.

Ministerium für Bildung, Wissenschaft und Weiterbildung. (1998a). *Lehrplan Biologie: Grund- und Leistungsfach Jahrgangsstufen 11 bis 13 der gymnasialen Oberstufe.* MBWWK.

Ministerium für Bildung, Wissenschaft und Weiterbildung Rheinland-Pfalz. (1998b). *Lehrplan Chemie Sekundarstufe II.* MBWWK.

Ministerium für Bildung, Wissenschaft, Weiterbildung und Kultur Rheinland-Pfalz. (2014). *Lehrpläne für die naturwissenschaftlichen Fächer für die weiterführenden Schulen in Rheinland-Pfalz.* MBWWK.

Neff, S., Engl, A., Kauertz, A., & Risch, B. (2020). Implementation digitaler Innovationen in der Lehrer*innenbildung am Beispiel des Projekts Open MINT Labs. In K. Kaspar, M. Becker-Mrotzek, S. Hofhues, J. König & D. Schmeinck (Hrsg.), *Bildung, Schule, Digitalisierung* (S. 172–177). Waxmann.

Neff, S., Gierl, K., Engl, A., Decker, B., Roth, T., Becker, J., et al. (2021). Virtuelle Labore für den MINT-Unterricht – Transferprozess einer hochschulischen Innovation in den Schulkontext. In U. Schmidt & K. Schönheim (Hrsg.), *Transfer von Innovation und Wissen* (S. 75–101). Springer Fachmedien.

Redecker, C. (2017). *European framework for the digital competence of educators: DigCompEdu*. Publications Office.

Schmidt, S. (2010). *Didaktische Rekonstruktion des Basiskonzepts „Stoff-Teilchen" für den Anfangsunterricht nach Chemie im Kontext*. Dissertation. Carl von Ossietzky Universität.

Smol, J. P. (2008). *Pollution of lakes and rivers: A paleoenvironmental perspective*. Blackwell.

Spiro, R., Feltovich, P. J., Jacobson, M., & Coulson, R. (1992). Cognitive flexibility, constructivism, and hypertext: Random access instruction for advanced knowledge acquisition in ill-structured domains. In T. Duffy & D. Jonassen (Hrsg.), *Constructivism and the technology of instruction* (S. 57–76). LEA.

Spiro, R. J., Coulson, R. L., Feltovich, P. J., & Anderson, D. K. (1988). *Cognitive Flexibility Theory: Advanced Knowledge Acquisition in ill-structured Domains. Technical Report*. Urbana-Champaign.

Zaki, M. J. (2001). An efficient algorithm for mining frequent sequences by a new strategy without support counting. *Machine Learning, 42*, 31–60.

Flipped Classroom im Physikunterricht der Sekundarstufe I – Auswirkungen auf die Veränderung des individuellen Interesses im Bereich der E-Lehre

3

Wolfgang Lutz⬤, Markus Elsholz⬤, Sebastian Haase⬤, Jan-Philipp Burde⬤, Thomas Wilhelm⬤ und Thomas Trefzger⬤

Inhaltsverzeichnis

W. Lutz (✉) · M. Elsholz
Physik und ihre Didaktik, Universität Würzburg, Würzburg, Bayern, Deutschland
E-Mail: wolfgang.lutz@uni-wuerzburg.de

M. Elsholz
E-Mail: markus.elsholz@uni-wuerzburg.de

S. Haase
Arbeitsbereich Schulpädagogik/Schulentwicklungsforschung, 2FU Berlin, Berlin, Berlin, Deutschland
E-Mail: sebastian.haase@fu-berlin.de

J.-P. Burde
AG Didaktik der Physik, Universität Tübingen, Tübingen, Baden-Württemberg, Deutschland
E-Mail: Jan-Philipp.Burde@uni-tuebingen.de

T. Wilhelm
Institut für Didaktik der Physik, Universität Frankfurt, Frankfurt am Main, Hessen, Deutschland
E-Mail: wilhelm@physik.uni-frankfurt.de

T. Trefzger
Physik und ihre Didaktik, Universität Würzburg, Würzburg, Bayern, Deutschland
E-Mail: thomas.trefzger@uni-wuerzburg.de

© Der/die Autor(en) 2023
J. Roth et al. (Hrsg.), *Die Zukunft des MINT-Lernens – Band 2*,
https://doi.org/10.1007/978-3-662-66133-8_3

3.1   Flipped Classroom

Das Ziel bei der aus den USA stammenden Unterrichtsmethode „Flipped Classroom" ist die Erhöhung der aktiven Lernzeit zur Intensivierung von Lerninhalten im Unterricht, indem die sonst fest im Unterricht verankerte Wissensvermittlung auf eine häusliche Vorbereitungsphase ausgelagert wird (Bergmann & Sams, 2012). Typischerweise werden zur Wissensvermittlung Lernvideos eingesetzt, mit denen sich die Lernenden zu Hause asynchron in ihrem individuellen Lerntempo selbstständig mit den fachlichen Inhalten der nächsten Unterrichtsstunde auseinandersetzen. Die in diesem Selbstlernprozess auftretenden Fragen und Probleme gilt es zu Beginn des Unterrichts zu sammeln und zu lösen (Al-Samarraie et al., 2020). Eine gute methodische Möglichkeit stellt dabei der Einsatz einer Think-Pair-Share-Phase (Lyman, 1981) dar, da alle Lernenden aktiviert werden (Think), untereinander in den Austausch kommen (Pair) und so Hemmnisse für eine gemeinsame Diskussion (Share) abgebaut werden können. Im Flipped Classroom kann das emotionale Erleben von Autonomie, Kompetenz und sozialer Eingebundenheit in einer besonderen Weise unterstützt werden, was sich nach der Selbstbestimmungstheorie von Deci und Ryan (1993) positiv auf ein intrinsisch motiviertes Handeln der Lernenden auswirken kann. Der Grad der Erfüllung dieser drei psychologischen Grundbedürfnisse ist dabei prägend für die Entwicklung intrinsischer Motivation (Klieme & Rakoczy, 2008; Schiefele, 2009).

3.2   Interesse und Interessengenese

In der pädagogischen Interessenforschung stehen Interesse und intrinsische Motivation in einem starken Zusammenhang (Schiefele, 2009). Interesse bezieht sich stets auf eine Interaktion zwischen einer Person und einem spezifischen Gegenstand (Krapp, 2010; Renninger et al., 1992). Durch diese Personen-Gegenstands-Beziehung ist Interesse mit einem subjektiven Erleben assoziiert (Krapp, 1998) und bildet sich vor allem in Handlungen ab, in denen neben dem Wunsch nach Wissenserwerb bzgl. des Interessensgegenstandes (epistemische Tendenz) auch emotionale und wertbezogene Valenzen erfahren werden können (Krapp, 2007). Individuelles Interesse kennzeichnet eine habituelle Handlungsbereitschaft bzw. eine motivationale Disposition und ist in diesem Sinne als ein relativ stabiles und situationsübergreifendes Persönlichkeitsmerkmal zu verstehen (Hartinger,

1997; Krapp, 1998; Krapp & Prenzel, 2011). Der psychische Zustand während einer laufenden Interessenshandlung wird als aktuelles Interesse beschrieben und ist durch eine periphere Leistungsfähigkeit, Ausdauer und emotionale Anteilnahme gekennzeichnet (Krapp, 1992; Krapp & Prenzel, 2011). Aktuelles Interesse, das auf die Interessantheit eines Gegenstandes zurückzuführen ist, wird auch als situationales Interesse bezeichnet.

In der pädagogischen Psychologie gelten Interessen als zentrale motivationale Komponenten und wichtige Bedingungsfaktoren des schulischen Lernens und werden häufig als Prädiktoren der Leistung (Krapp, 1992; Pekrun & Schiefele, 1996) sowie der bewussten Entscheidung von Lernenden für einen schulischen Fächerschwerpunkt angesehen (Abel, 2002; Roeder & Gruehn, 1996). Die Aufrechterhaltung vorhandener und die Entwicklung neuer stabiler und überdauernder individueller Interessen stellen deshalb eigene zentrale Ziele schulischer Bildung dar (Schiefele, 1981, 1986; Wittenmöller-Förster, 1993).

Lernumgebungen sollten in der Folge so gestaltet sein, dass sie eine Interessengenese auf Basis psychologischer Wirkmechanismen unterstützen. Orientierung für eine Transformation vom situationalen zum individuellen Interesse gibt hierbei beispielsweise das Rahmenmodell von Hidi und Renninger (2006), das eine Weiterentwicklung des Drei-Stufen-Modells von Krapp (2002) darstellt. Im Modell sind vier Phasen zu erkennen, die kontinuierlich ineinander übergehen (Abb. 3.1). In Phase 1 geht es um die Auslösung eines situationalen Interesses durch externe „Trigger" (Catch-Komponenten), beispielsweise durch das Wecken von Neugier oder auch eine kognitive Aktivierung (Hidi & Renninger, 2006). Eine Internalisierung und Identifikation soll in Phase 2 durch externe Prozesse (Hold-Komponenten) initiiert werden, um eine wertbezogene Valenz zum Lerngegenstand aufzubauen. In diesem Zusammenhang gewinnt die Erfüllung der psychologischen Grundbedürfnisse nach Autonomie, Kompetenz und sozialer Eingebundenheit immer mehr an Bedeutung (Deci & Ryan, 1993). Auf der nächsten Ebene (Phase 3) setzen sich die Lernenden bereits volitional und intrinsisch motiviert mit einem Gegenstand auseinander und das individuelle Interesse wächst. Sind kognitive, emotionale und wertbezogene Komponenten des Interesses umfangreich ausgebildet, ist die höchste Stufe im Modell erreicht (Phase 4). Die Lernenden entscheiden dann selbst ohne externe Anreize, mit welchen Inhalten sie sich volitional beschäftigen möchten.

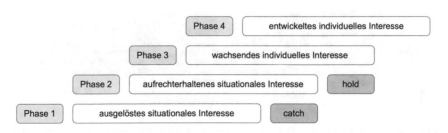

Abb. 3.1 *Vier-Phasen-Modell der Interessenentwicklung nach* Hidi und Renninger (2006)

3.3 Beschreibung der Studie

3.3.1 Das Würzburger Flipped-Classroom-Projekt

Im Würzburger Flipped-Classroom-Projekt wurden die Ideen der Unterrichtsmethode (siehe 3.1) auf den Physikunterricht übertragen und das in Abb. 3.2 dargestellte Ablaufschema für eine Unterrichtseinheit abgeleitet.

Ausgehend von dem dargestellten Modell (Abb. 3.2) startete 2018 in Würzburg ein Flipped-Classroom-Projekt zwischen den Universitäten Würzburg,
Tübingen, Frankfurt und der FU Berlin, um einen forschungsbasierten und praxis-
orientierten Lehrgang (Design-Based Research) zur E-Lehre im Physikunterricht
der Sekundarstufe I zu entwickeln. Neben dem Aufbau eines konzeptionellen Verständnisses war es ein zentrales Ziel, die Interessengenese der Lernenden über die
ersten drei Phasen nach Hidi und Renninger (2006) zu unterstützen (Abb. 3.1).
Aufbauend auf der bereits in der fachdidaktischen Forschung bewährten Unter-
richtskonzeption des Elektronengasmodells (Burde, 2018) wurden unter
Berücksichtigung des SAMR-Modells (Puentedura, 2006) sowie weiterer Lerntheorien, wie beispielsweise der Cognitive Load Theory (Sweller et al., 2011),
der kognitiven Theorie des multimedialen Lernens (Mayer, 2014) oder auch des
integrativen Modells des Text- und Bildverständnisses (Schnotz & Bannert, 2003),
neue digitale Unterrichtsmaterialien entwickelt. Jede Lerneinheit beginnt mit
einem Lernvideo (nach den Kriterien von Kulgemeyer, 2020), an das sich interaktive Quizfragen und ein zusammenfassender Hefteintrag anschließen. Lernvideos erweisen sich als besonders geeignete Catch-Komponenten, da sie sich
positiv auf Aufmerksamkeit, Bedeutungsempfinden und Engagement auswirken
können (Hartsell & Yuen, 2006) und so situationales Interesse auslösen können
(Phase 1). Durch die asynchrone und individuelle Nutzung der Lernmaterialien
erfahren die Lernenden ein hohes Maß an Autonomie, Selbstbestimmung und
Eigenverantwortung, da sie selbst entscheiden, wann, wo und wie sie lernen
(Phase 2). Die erlebte soziale Eingebundenheit wird durch mehr Gruppenarbeits-
phasen im Unterricht gesteigert. Interessierten Schülerinnen und Schülern stehen
innerhalb der Lernmaterialien umfangreiche zusätzliche Angebote zur Verfügung,
um sich mit einem Thema zu beschäftigen (Phase 3), z. B. zusätzliche Lernvideos, interaktive Bildschirmexperimente oder auch Impulse zum selbstständigen

Abb. 3.2 *Ablaufschema für eine Unterrichtseinheit im Flipped Classroom* (Lutz et al., 2022, *CC BY 2.0*)

Recherchieren (z. B. zur Funktionsweise eines Thermometers). Weitere Details zur Entwicklung der Unterrichtseinheiten und zu ersten Ergebnissen des Nutzungsverhaltens durch Lernende finden sich bei Lutz et al. (2020, 2022).

3.3.2 Forschungsfragen und Hypothesen

Aus der dargestellten Theorie wird deutlich, dass im Flipped Classroom zentrale Elemente der Interessengenese besonders adressiert werden können. In der Folge lassen sich daraus Unterschiede in der Entwicklung des individuellen Interesses an Physik in Abhängigkeit mit der Unterrichtsmethode vermuten. Neben der Unterrichtsmethode sind auch relevante Kovariaten (Geschlecht, Zweigwahl, Hausaufgabendisziplin, vgl. 3.3.4) in der Analyse zu berücksichtigen. Insgesamt leiten sich für die Erhebung folgende Forschungsfragen und Hypothesen ab:

1. Zeigt sich zu Interventionsbeginn ein Zusammenhang zwischen dem individuellen Interesse und den Kovariaten Geschlecht und Zweigwahl?
   An bayerischen Gymnasien entwickeln die Schülerinnen und Schüler im Fach Natur und Technik erste grundlegende naturwissenschaftliche Kompetenzen und entscheiden sich am Ende der 7. Jgst., ob sie einen Zweig mit naturwissenschaftlicher und technischer Orientierung (*NTG*-Zweig) oder mit musischen, sprachlichen bzw. wirtschaftlichen Schwerpunkten (Nicht-NTG-Zweige, kurz *nNTG*) einschlagen. Daraus resultiert Hypothese 1.a:
   H 1.a: Schülerinnen und Schüler, die sich bewusst für den naturwissenschaftlichen Schwerpunkt entschieden haben, zeigen ein höheres Interesse am Fach Physik als Schülerinnen und Schüler, die einen nicht naturwissenschaftlichen Schwerpunkt gewählt haben.
   Schülerinnen zeigen im Vergleich zu Schülern häufig ein geringeres Interesse am Fach Physik (Hoffmann et al. 1998). Daraus leitet sich Hypothese 1.b ab:
   H 1.b: Schüler zeigen ein höheres Interesse am Fach Physik als Schülerinnen.
2. Inwieweit prägen die Unterrichtsmethode und die Kovariaten die Veränderung des individuellen Interesses während der Intervention?
   Das Interesse an Physik nimmt bei Schülerinnen und Schülern in der Mittelstufe im Laufe der Schuljahre ab (Hoffmann et al., 1998). Mehrere Studien zeigen, dass bei Schülerinnen im traditionellen Physikunterricht der Rückgang im Interesse stärker ausfällt als bei Schülern, wodurch sich die „Geschlechterschere" immer weiter öffnet. Im Kontext des Flipped Classroom gibt es empirische Hinweise auf einen Wechselwirkungseffekt zwischen der Unterrichtsmethode und dem Geschlecht bzgl. der Motivationsentwicklung zugunsten von Schülerinnen, die mit der Unterrichtsmethode Flipped Classroom unterrichtet werden (Finkenberg, 2018). Da Interesse als bedingte Ursache für intrinsische Motivation angesehen wird (Schiefele, 2009), folgt Hypothese 2.a:
   H 2.a: Es zeigt sich ein Wechselwirkungseffekt zwischen der Unterrichtsmethode und dem Geschlecht bezüglich der Veränderung des individuellen Interesses während der Intervention.

Im Flipped Classroom stellen Hausaufgaben für Schülerinnen und Schüler im Sinne des Vier-Phasen-Modells der Interessenentwicklung Catch-Komponenten dar. Daher ist davon auszugehen, dass bei einer hohen Hausaufgabendisziplin die Ausprägung individuellen Interesses begünstigt wird, was zu Hypothese 2.b führt:

H 2.b: Es besteht ein positiver Zusammenhang zwischen der Hausaufgaben-disziplin und der Interessensentwicklung.

3.3.3 Studiendesign

Physik wird zwar am bayerischen Gymnasium unabhängig von der Zweigwahl in der 8. Jgst. unterrichtet. Aber im NTG-Zweig steht den Schülerinnen und Schülern pro Woche eine zusätzliche Physik-Unterrichtsstunde zur Verfügung. Diese Stunden dienen der experimentellen und eigenständigen Auseinandersetzung mit physikalischen Inhalten. Im Sinne der Selbstbestimmungstheorie (Deci & Ryan, 1993) lassen sich dadurch die psychologischen Grundbedürfnisse nach Auto-nomie, Kompetenz und sozialer Eingebundenheit besonders fördern. Zur Berück-sichtigung dieser heterogenen Gruppen untersuchen wir die Forschungsfragen in einem Zweigruppenmodell in Abhängigkeit der Zweigwahl.

Im Rahmen der Studie wurden die beteiligten Klassen nach der eingesetzten Unterrichtsmethode in zwei Treatmentgruppen aufgeteilt. Die nach dem Flipped Classroom unterrichteten Klassen bildeten die *flip*-Gruppe, während die klassisch unterrichteten Klassen die *kla*-Gruppe bildeten. Die entwickelten Unterrichts-materialien (siehe 3.1) kamen in beiden Gruppen nahezu identisch zum Einsatz. Eine Ausnahme bildeten die Erklärvideos, die nur der *flip*-Gruppe zur Verfügung standen. Außerdem mussten in der *flip*-Gruppe die interaktiven Aufgaben in der häuslichen Vorbereitung direkt nach den Erklärvideos und noch vor dem Unter-richt bearbeitet werden. In der *kla*-Gruppe wurden die gleichen Aufgaben erst nach dem Unterricht als Hausaufgabe eingesetzt und um ein bis zwei schriftliche Aufgaben erweitert. Damit sollte die Zeit ausgeglichen werden, die die Lernenden in der *flip*-Gruppe für das Schauen der Erklärvideos benötigen. Die Interventions-dauer umfasste in beiden Gruppen jeweils 12 Unterrichtseinheiten.

3.3.4 Erhobene Variablen und Messinstrumente

Das individuelle Interesse wurde über vier von Habig (2017) adaptierte Items gemessen. Da sich individuelles Interesse aus Fach- und Sachinteresse zusammen-setzt (Hoffmann et al., 1998), wurden beide Komponenten bei der Zusammen-stellung des Fragebogens gleichmäßig berücksichtigt. Mit zwei der enthaltenen Items wurde dabei die Anstrengungsbereitschaft der Lernenden berücksichtigt. Auf einer vierstufigen Likert-Skala mussten die Schülerinnen und Schüler sowohl vor als auch nach der Intervention folgende Aussagen hinsichtlich des Grades ihrer Zustimmung bewerten:

- Ich freue mich bereits auf die nächste Physikstunde. (*FInt*1)
- Was wir im Physikunterricht machen, interessiert mich. (*SInt*1)
  Warum strengst du dich im Physikunterricht an?
- … weil mir der Physikunterricht Spaß macht. (*FInt*2)
- … weil mich Physik interessiert. (*SInt*2)

Die Reliabilität des Fragebogens ist mit $\alpha = .90$ (Cronbach's α) sehr hoch.

Als Kovariaten wurden neben dem Geschlecht (*M*, *W*) auch das Wahlverhalten der Schülerinnen und Schüler über die Zugehörigkeit zum Schulzweig erhoben. Außerdem stellt im Flipped Classroom die Bearbeitung der Hausaufgabe eine wichtige Komponente für den darauf aufbauenden Unterricht und somit eine weitere zu berücksichtigende Kovariate dar. Deshalb wurde erfasst, wie viele enthaltene Multiple-Choice-Aufgaben die Lernenden in den Hausaufgaben angekreuzt haben.

3.3.5 Beschreibung der Stichprobe

Die beschriebene Erhebung wurde im Schuljahr 2021/2022 bis Ende Januar in insgesamt 99 Klassen der 8. Jgst. an bayerischen Gymnasien durchgeführt. Tab. 3.1 gibt einen Überblick über die Anzahl der teilnehmenden Klassen und beteiligten Schülerinnen und Schüler aufgeteilt nach Zweig und Methode. Zur Analyse der Hausaufgabendisziplin wurden die Daten von allen 1734 Schülerinnen und Schülern genutzt. Bei der Interessensentwicklung können nur Datensätze genutzt werden, die zumindest eine teilweise Bearbeitung sowohl im Prä- als auch im Posttest aufweisen. Aus diesem Grund reduziert sich der Datensatz hier auf 1487 Schülerinnen und Schüler. Die Datenreduktion verteilt sich gleichmäßig auf alle beteiligten Klassen und ist auf rein statistische Gründe (z. B. Krankheit) zurückzuführen.

3.3.6 Modellierung

Zur Beantwortung der Forschungsfragen bezüglich der initialen Ausprägung des Interesses an Physik und der Veränderung des Interesses während der Interventionszeit wurde ein latentes Veränderungsmodell (Latent Change Score

Tab. 3.1 Überblick über die Anzahl der teilnehmenden Klassen sowie die Schülerinnen und Schüler aufgeteilt nach Zweig und Methode

	NTG		nNTG		Gesamt
	flip	kla	flip	kla	
Klassen	32	16	32	19	99
Schülerinnen	234	160	277	220	891
Schüler	404	191	195	53	843

Model, vgl. McArdle, 2009) gerechnet (Abb. 3.3). Das individuelle Interesse zu den Erhebungszeitpunkten $T1$ (Prätest) und $T2$ (Posttest) wird dabei als latenter Faktor mithilfe der vier Indikatorvariablen $SInt1|2$ und $FInt1|2$ modelliert. Damit ein Vergleich der Mittelwerte zwischen den Gruppen möglich ist, wird starke Invarianz hergestellt. Auf Ebene des Strukturmodells wird für jede Person das Interesse zum Zeitpunkt $T2$ als Summe des Wertes bei Zeitpunkt $T1$ ($IntT1$) und eines latenten Veränderungswertes (Latent Change Score, LCS) berechnet. Die Mittelwerte der latenten Variablen $IntT1$ und LCS geben demnach die mittlere Ausprägung des Interessenkonstrukts zum Zeitpunkt $T1$ sowie seine mittlere Veränderung zwischen den Zeitpunkten $T1$ und $T2$ wieder. Die Varianzen ψ_{IntT1} und ψ_{LCS} der Variablen spiegeln die interindividuelle Variabilität in diesen Größen. Die Kovarianz $\psi_{IntT1,LCS}$ fasst den Zusammenhang zwischen Präwert und Veränderung des Interesses. Für die Modellidentifizierung wurde die Effect-Coding-Methode angewandt (Little et al., 2006). Zur Modellschätzung wurde die Software R (R Core Team, 2017) in Kombination mit dem Paket „lavaan" (Rosseel, 2012) und ein Full-Information-Maximum-Likelihood-Schätzer (FIML mit robusten Standardfehlern, Option „mlr" in „lavaan") verwendet.

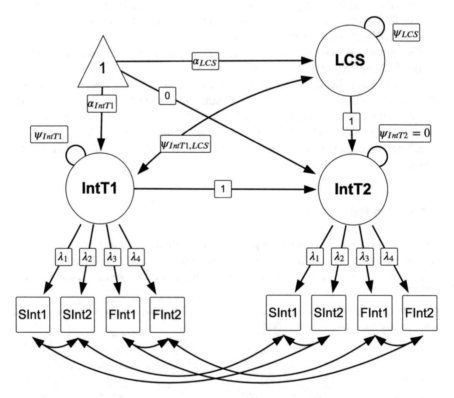

Abb. 3.3 Latent Change Model. In der latenten Variable LCS (Latent Change Score) wird die Veränderung des Interesses zwischen den Zeitpunkten T1 und T2 abgebildet

3.3.7 Ergebnisse

Das in Abb. 3.3 spezifizierte Modell reproduziert die Varianzen und Kovarianzen der manifesten Indikatorvariablen ausreichend gut, es kann von einer sehr guten Modellpassung ausgegangen werden ($\chi^2(13) = 40.565^{***}$, CFI $= .996$, RMSEA $= .040$, SRMR $= .015$; zur Einordung der Fit-Indizes siehe z. B. Hu & Bentler, 1999). In der gesamten Stichprobe liegt der globale Mittelwert der initialen Ausprägung des individuellen Interesses zum Erhebungszeitpunkt $T1$ bei $IntT1 = 1.802$ (SD $= .664$) Skalenpunkten. Während der Interventionszeit nimmt das Interesse der Schülerinnen und Schüler im Mittel mit $LCS = .348^{***}$ (SD $= .603$) Skalenpunkte ab. Die Kovarianz zwischen Prävert und Veränderung des Interesses liegt bei $\psi_{IntT1,LCS} = -.091^{***}$, d.h., ein initial höher ausgeprägtes Interesse an Physik geht tendenziell mit einer stärkeren Abnahme des Interesses während der Intervention einher. Um die verschiedenen schulischen Rahmenbedingungen bei Klassen mit (*NTG*-Gruppe) bzw. ohne naturwissenschaftliche Schwerpunktsetzung (*nNTG*-Gruppe) zu berücksichtigen, wurde für die weitere Analyse ein Zweigruppenmodell mit der Gruppenvariable *Zweig* gerechnet, wobei starke Invarianz berücksichtigt wurde (Fit-Indizes: $\chi^2(38) = 65.487^{**}$, CFI $= .996$, RMSEA $= .032$, SRMR $= .018$).

Der Vergleich der geschlechterübergreifenden Mittelwerte des Interesses zum Erhebungszeitpunkt $T1$ offenbart signifikante Unterschiede zwischen den Schwerpunktgruppen. Für Schülerinnen und Schüler in der Gruppe *nNTG* ergibt sich ein mittlerer Interessenswert von $IntT1_{nNTG} = 1.520(SD = .636)$ Skalenpunkten, während sich Schülerinnen und Schüler in der *NTG*-Gruppe mit $IntT1_{NTG} = 1.995(SD = .611)$ deutlich interessierter an Physik zeigen $(\Delta\chi^2(1) = 168.92^{***})$. Der Unterschied in den mittleren Interessenswerten liegt mit einer Effektstärke von $d = .765$ an der Grenze zu starken Effekten und ist daher äußerst bedeutsam. Die folgende Analyse in den jeweiligen Schwerpunktgruppen zeigt, dass der berichtete Unterschied zwar durch die ungleiche Zusammensetzung der Gruppen in Bezug auf das Geschlecht (Tab. 3.1) beeinflusst wird, aber bei Weitem nicht damit erklärt werden kann. In der Veränderung des Interesses während der Interventionszeit zeigen sich keine signifikanten Unterschiede zwischen den beiden Gruppen $(LCS_{NTG} = -.358(SD = .607), LCS_{nNTG} = -.340(SD = .597), \Delta\chi^2(1) = .63\, n.s.)$.

Für einen detaillierten Blick auf die Zusammenhänge zwischen Prävert (*IntT1*) bzw. Veränderung des Interesses (*LCS*) mit der unabhängigen Variable Unterrichtsmethode (*Meth*) und den Kovariaten Geschlecht (*Gesch*) und Hausaufgabendisziplin (*HA*) wurde eine multiple Regression der beiden latenten Variablen auf diese Kovariaten gerechnet, wobei mögliche indirekte Effekte des Geschlechts bzw. der Unterrichtsmethode (über die Mediatorvariable Hausaufgabendisziplin) auf die Veränderung des Interesses berücksichtigt wurden. Tab. 3.2 zeigt die nicht standardisierten (*B*) und standardisierten (β, nur latente Variablen standardisiert) Regressionskoeffizienten.

Tab. 3.2 Regressionskoeffizienten für Analyse im Zweigruppenmodell (Gruppenvariable: Zweig, starke Invarianz wurde hergestellt)

	nNTG (n = 607)				NTG (n = 880)			
	B	SE	β	SE	B	SE	β	SE
IntT 1								
Konstante	1.494	.033			1.872	.037		
Gesch(0 : *W*)	.085	.064	.133	.101	.205***	.046	.336***	.073
HA								
Konstante	7.223	.262			6.883	.287		
Gesch(0 : *W*)	−1.231**	.354	−.315**	.090	−1.002***	.284	−.237***	.067
Meth(0 : *klassisch*)	1.527***	.325	.391***	.082	1.605***	.292	.379***	.068
LCS								
Konstante	−.342***	.066			−.507***	.066		
HA	.005	.007	.035	.044	.003	.005	.019	.038
Gesch(0 : *W*)	.078	.096	.131	.161	.192**	.073	.316**	.122
Meth(0 : *klassisch*)	−.086	.068	−.144	.113	.170*	.067	.280*	.110
Gesch : *Meth*	−.046	.118	−.078	.197	−.231*	.090	−.380*	.149

Es gilt: ***p < .001, **p < .01, *p < .05

In der *nNTG*-Gruppe zeigen sich zum Erhebungszeitpunkt $T1$ keine relevanten Unterschiede im Interesse zwischen Schülerinnen ($IntT1_{nNTG}^{W} = 1.494$) und Schülern ($IntT1_{nNTG}^{M} = 1.579$). In der *NTG*-Gruppe liegt das Interesse der Schüler zu Beginn der Intervention mit $IntT1_{NTG}^{M} = 2.077$ signifikant bei mittlerer Effektstärke ($\beta_{Gesch}^{NTG} = .336^{***}$) über dem Interesse der Schülerinnen ($IntT1_{NTG}^{W} = 1.872$).

In beiden Gruppen zeigen sowohl die Unterrichtsmethode als auch das Geschlecht signifikante Zusammenhänge mit der Anzahl der während der Interventionszeit erledigten Hausaufgaben. Unabhängig von der Zweigwahl werden mehr Hausaufgabeneinheiten bearbeitet, wenn nach der Methode Flipped Classroom unterrichtet wird ($\beta_{Meth}^{NTG} = .379^{***}$, $\beta_{Meth}^{nNTG} = .391^{***}$). Zusätzlich zeigen Schülerinnen eine höhere Hausaufgabendisziplin als Schüler ($\beta_{Gesch}^{NTG} = -.237^{***}$, $\beta_{Gesch}^{nNTG} = -.315^{***}$). Zwischen der Veränderung des Interesses während der Intervention und der Anzahl der bearbeiteten Hausaufgaben zeigt sich in keiner der beiden Gruppen ein relevanter Zusammenhang, sodass die Anzahl der bearbeiteten Hausaufgaben keine Mediatorvariable für indirekte Effekte der Unterrichtsmethode bzw. des Geschlechts auf die Entwicklung des individuellen Interesses an Physik darstellt. Während sich in der Gruppe *nNTG* keinerlei signifikante Zusammenhänge zwischen der Veränderung im Interesse und der unabhängigen Variable bzw. der Kovariaten ergeben, wird in der Gruppe *NTG* ein signifikanter Wechselwirkungseffekt von Geschlecht und Unterrichtsmethode beobachtet ($\beta_{Gesch:Meth}^{NTG} = -.380^{*}$). Der Zusammenhang wird weiter betrachtet, indem die Analyse auf die Gruppe der Schülerinnen und Schüler im *NTG*-Zweig begrenzt wird.

Das Zweigruppenmodell mit der Gruppenvariable *Gesch* im *NTG*-Zweig reproduziert den signifikanten Unterschied ($\Delta \chi^2(1) = 21.503^{***}$) in der mittleren Ausprägung des Interesses für Schülerinnen ($n = 352$) und Schüler ($n = 528$) zu Beginn der Intervention ($IntT1_{NTG}^W = 1.880, IntT1_{NTG}^M = 2.080$). Während die Unterrichtsmethode bei Schülern keinen relevanten Zusammenhang mit der Entwicklung des Interesses aufzeigt ($LCS_{klassisch}^M = -.299, LCS_{flipped}^M = -.359$, $\Delta \chi^2(1) = .953\,n.s.$), fällt das Interesse der Schülerinnen im klassischen Unterricht mit $LCS_{klassisch}^W = -.496$ Skalenpunkten während der Interventionszeit signifikant stärker ($\Delta \chi^2(1) = 7.700^{**}, \beta_{Meth}^W = .311^{**}$) als bei Schülerinnen, die mit der Methode Flipped Classroom unterrichtet wurden ($LCS_{flipped}^W = -.316$). Im klassischen Unterricht wird ein signifikanter Unterschied ($\Delta \chi^2(1) = 7.130^{**}$) im Interesse an Physik zwischen Schülerinnen ($LCS_{klassisch}^W = -.496$) und Schülern ($LCS_{klassisch}^M = -.299$) beobachtet (Geschlechterschere). In der Gruppe der Schülerinnen und Schüler, die mit der Methode Flipped Classroom unterrichtet wurden, kann hingegen kein signifikanter Unterschied ($\Delta \chi^2(1) = .567, n.s.$) in der Entwicklung des Interesses an Physik zwischen Schülerinnen ($LCS_{flipped}^W = -.316$) und Schülern ($LCS_{flipped}^M = -.359$) festgestellt werden.

3.3.8 Limitationen der Studie

Die vorliegende Feldstudie vergleicht die Interessensentwicklung von Schülerinnen und Schülern im Hinblick auf die eingesetzte Unterrichtsmethode. Zwar wurden den teilnehmenden Lehrkräften für den Interventionszeitraum Unterrichtsmaterialien vorgegeben, jedoch blieb den Lehrkräften ein großer Spielraum in der Ausgestaltung des Unterrichts, sodass nicht von einer homogenen Intervention ausgegangen werden kann. Die Einhaltung der Rahmenvorgaben (Abb. 3.2) wurde nicht erhoben. Ebenso wurden keine Daten zu den Einstellungen der Lehrkräfte in Bezug auf die vorgegebenen Unterrichtsmethoden erhoben, sodass der Anteil der Varianz in der Veränderung des Interesses der Lernenden, der auf die Persönlichkeit der Lehrkräfte zurückgeht, nicht abgeschätzt werden kann. Gleiches gilt in Bezug auf die Schülerinnen und Schüler. Ihre Einschätzungen zu der eingesetzten Unterrichtsmethode, beispielsweise die subjektiv wahrgenommene Arbeitsbelastung, könnten weitere wichtige Prädiktoren für die Entwicklung im Interesse darstellen.

3.4 Diskussion

Das Wahlverhalten der Schülerinnen und Schüler zeigt einen starken Zusammenhang mit dem Interesse am Fach Physik. Lernende, die sich für den NTG-Zweig entschieden haben, weisen ein signifikant erhöhtes Interesse an Physik auf als Lernende anderer schulischer Schwerpunkte (Gruppe nNTG). Dieser beobachtete Befund kann als konsistente Folge des Wahlverhaltens interpretiert werden, da eine bewusste Entscheidung für einen naturwissenschaftlichen Schwerpunkt u. a. auf einem erhöhten Interesse für das entsprechende Fach und einem erhöhten

Leistungsvermögen fußt (Abel, 2002; Roeder & Gruehn, 1996). Hypothese 1.a wird bestätigt.

In der *NTG*-Gruppe liegt das Interesse bei den Schülerinnen vor Interventionsbeginn signifikant unter dem Wert der Schüler. Somit finden sich bei den Lernenden in der Studie die aus der Literatur zu erwartenden Interessensunterschiede in Abhängigkeit vom Geschlecht (Hoffmann et al., 1998). Hypothese 1.b wird für diesen Zweig bestätigt. In der *nNTG*-Gruppe ergibt sich allerdings kein signifikanter Unterschied im Interesse.

In der vorliegenden Studie zeigt sich bei Schülerinnen eine signifikant höhere Bereitschaft zum Absolvieren der Hausaufgaben als bei ihren Mitschülern. Mögliche Ursachen können unter anderem in einer höheren Selbstdisziplin und Pflichterfüllung seitens der Schülerinnen liegen (Duckworth & Seligman, 2006; Spinath et al., 2014). Die vermehrte Beschäftigung mit physikalischen Inhalten außerhalb der Schule kann als positives Ergebnis gewertet werden. Zwischen der Anzahl der bearbeiteten Hausaufgabeneinheiten und der Veränderung im Interesse an Physik zeigt sich allerdings kein signifikanter Zusammenhang. Geschlecht und Methode beeinflussen zwar die Anzahl der erledigten Hausaufgaben, haben aber über diese keine indirekten Effekte auf die Interessensentwicklung. In der Folge muss Hypothese 2.b verworfen werden. Eine plausible Erklärung liegt darin, dass sich die Schülerinnen und Schüler meistens nicht volitional und intrinsisch motiviert mit der Hausaufgabe auseinandersetzen, sondern die Erledigung als notwendige Pflicht ansehen (extrinsische Motivation). Vor diesem Hintergrund könnte der Effekt der Methode auf die Hausaufgabendisziplin durch eine erhöhte wahrgenommene Relevanz für die folgende Unterrichtsstunde erklärt werden.

In den vorliegenden Daten nimmt das Interesse an Physik bei den Lernenden in Übereinstimmung mit bisherigen Befunden unabhängig von Zweig, Geschlecht und Methode innerhalb des Interventionszeitraums von ca. acht Wochen deutlich ab (Hoffmann et al., 1998). Die beschriebene Geschlechterschere (Barmby et al., 2008; Hoffmann et al., 1998) öffnet sich auch in der vorliegenden Studie im NTG-Zweig innerhalb des klassischen Unterrichts weiter. Im Gegensatz zu Schülerinnen, die klassisch unterrichtet werden, sinkt beim Einsatz der Methode Flipped Classroom das Interesse der Schülerinnen weniger stark. Die Veränderung während des Interventionszeitraums liegt dann im Bereich der Werte der Schüler. Diese zeigen keinen statistisch signifikanten Zusammenhang zwischen der Veränderung ihres Interesses und der Unterrichtsmethode. Die Hypothese 2.a wird im NTG-Zweig bestätigt. Demnach kann Flipped Classroom dazu beitragen, die Ausprägung der Geschlechterschere zu vermindern bzw. aufzuhalten.

Haben sich Schülerinnen und Schüler gegen einen naturwissenschaftlichen Schwerpunkt entschieden, so zeigt sich unabhängig von der Unterrichtsmethode kein signifikanter Unterschied in der Interessensveränderung zwischen den Geschlechtern. Die bewusste Entscheidung gegen einen naturwissenschaftlichen Schwerpunkt und das eher als niedrig einzuschätzende Interesse an Physik scheinen die Haltung der Schülerinnen und Schüler gegenüber Naturwissenschaften so zu prägen, dass die eingesetzte Unterrichtsmethode nicht relevant wird.

3.5   Fazit und Ausblick

Die Unterrichtsmethode Flipped Classroom führt nicht generell zu einer Interessenssteigerung, kann aber dazu beitragen, das Auseinanderdriften des Interesses an Physik zwischen Schülerinnen und Schülern aufzuhalten und hat daher seinen Platz im Methodenrepertoire für einen abwechslungsreich gestalteten Physikunterricht. In der pädagogischen Interessenforschung wird angenommen, dass der Entwicklungsschritt vom situationalen zum individuellen Interesse (Abb. 3.1) mit einer Veränderung motivationsrelevanter Bestandteile der Persönlichkeitsstruktur einhergeht und deshalb eher selten und zudem auch zeitlich verzögert eintritt (Krapp, 1998, 2002). Eine Person kann nicht alle kurzzeitig als interessant eingestuften Gegenstände in die eigene Persönlichkeitsstruktur integrieren und filtert im Transformationsprozess entsprechend aus (Krapp, 1998). In weiteren Analysen soll deshalb auch das situationale Interesse in Abhängigkeit von der Unterrichtsmethode untersucht werden.

Literatur

Abel, J. (2002). Kurswahl aus Interesse? *Dt. Schule, 94*, 192–203.

Al-Samarraie, H., Shamsuddin, A. & Alzahrani, A. I. (2020). A flipped classroom model in higher education: a review of the evidence across disciplines. *Educational Technology Research and Development, 68*(3), 1017–1051. https://doi.org/10.1007/s11423-019-09718-8.

Barmby, P., Kind, P. M., & Jones, K. (2008). Examining changing attitudes in secondary school science. *International journal of science education, 30*(8), 1075–1093.

Bergmann, J., & Sams, A. (2012). *Flip your classroom. Reach every student in every class every day.* ISTE/ASCD.

Burde, J.-P. (2018). *Eine Einführung in die Elektrizitätslehre mit Potenzial.*

Deci, E. L., & Ryan, R. M. (1993). Die Selbstbestimmungstheorie der Motivation und ihre Bedeutung für die Pädagogik. *Zeitschrift für Pädagogik, 39*(2), 223–238.

Duckworth, A. L., & Seligman, M. E. (2006). Self-discipline gives girls the edge: Gender in self-discipline, grades, and achievement test scores. *Journal of educational psychology, 98*(1), 198–208.

Finkenberg, F. (2018). *Flipped Classroom im Physikunterricht.* Logos Verlag GmbH.

Habig, S. (2017). *Systematisch variierte Kontextaufgaben und ihr Einfluss auf kognitive und affektive Schülerfaktoren* (Bd. 223). Logos Verlag GmbH.

Hartinger, A. (1997). *Interessenförderung. Eine Studie zum Sachunterricht.* Klinkhardt.

Hartsell, T., & Yuen, S. C. Y. (2006). Video streaming in online learning. *AACE Review (formerly AACE Journal), 14*(1), 31–43.

Hidi, S., & Renninger, K. A. (2006). The four-phase model of interest development. *Educational psychologist, 41*(2), 111–127.

Hoffmann, L., Häußler, P., & Lehrke, M. (1998). *Die IPN-Interessenstudie Physik.* IPN.

Hu, L. T., & Bentler, P. M. (1999). Cutoff criteria for fit indexes in covariance structure analysis: Conventional criteria versus new alternatives. *Structural equation modeling: A multidisciplinary journal, 6*(1), 1–55.

Klieme, E., & Rakoczy, K. (2008). Empirische Unterrichtsforschung und Fachdidaktik. Outcome-orientierte Messung und Prozessqualität des Unterrichts. *Zeitschrift für Pädagogik, 54*(2), 222–237.

Krapp, A. (1992). Interesse, Lernen und Leistung. *Zeitschrift für Pädagogik, 38*, 747–770.

Krapp, A. (1998). Entwicklung und Förderung von Interessen im Unterricht. *Psychologie in Erziehung und Unterricht, 44*(3), 185–201.

Krapp, A. (2002). Structural and dynamic aspects of interest development: Theoretical considerations from an ontogenetic perspective. *Learning and instruction, 12*(4), 383–409.

Krapp, A. (2007). An educational–psychological conceptualisation of interest. *International journal for educational and vocational guidance, 7*(1), 5–21.

Krapp, A. (2010). Interesse. In D. Rost (Hrsg.), *Handwörterbuch Pädagogische Psychologie* (4., überarbeitete und erweiterte Aufl., S. 311–323). Beltz.

Krapp, A., & Prenzel, M. (2011). Research on interest in science: Theories, methods, and findings. *International journal of science education, 33*(1), 27–50.

Kulgemeyer, C. (2020). Erklären im Physikunterricht. In *Physikdidaktik\ Grundlagen* (S. 403–426). Springer Spektrum.

Little, T. D., Slegers, D. W., & Card, N. A. (2006). A non-arbitrary method of identifying and scaling latent variables in SEM and MACS models. *Structural equation modeling, 13*(1), 59–72.

Lutz, W., Burde, J. P., Wilhelm, T., & Trefzger, T. (2020). Digitale Unterrichtsmaterialien zum Elektronengasmodell. *PhyDid B-Didaktik der Physik-Beiträge zur DPG-Frühjahrstagung,* 333–341.

Lutz, W., Haase, S., Burde, J.P., Wilhelm, T., & Trefzger, T. (2022). Erste empirische Ergebnissezum Einsatz digitaler Materialien im Flipped Classroom zur E-Lehre und Optik. In S. Habig & H. van Vorst (Hrsg.), *Online Jahrestagung der GDCP 2021.*

Lyman, F. (1981). The Responsive classroom discussion. In A. S. Anderson (Hrsg.), *Main-streaming digest* (S. 109–113). University of Maryland College of Education.

Mayer, R. E. (2014). Cognitive theory of multimedia learning. In R. E. Mayer (Hrsg.), *The Cambridge handbook of multimedia learning* (2. Aufl., S. 43–71). Cambridge University Press.

McArdle, J. J. (2009). Latent variable modeling of differences and changes with longitudinal data. *Annual review of psychology, 60,* 577–605.

Pekrun, R. & Schiefele, H. (1996). Emotions- und motivationspsychologische Bedingungen der Lernleistung. In F. E. Weinert (Hrsg.), *Psychologie des Lernens und der Instruktion. Enzyklopädie der Psychologie,* Themenbereich D, Serie I, Band 2 (S. 153–180). Hogrefe.

Puentedura, R. (2006). Transformation, technology, and education. http://hippasus.com/resources/tte/. Zugegriffen: 31. Jan. 2022.

R Core Team (2017). *R: A language and environment for statistical computing.*

Renninger, K. A., Hidi, S., & Krapp, A. (Hrsg.). (1992). *The role of interest in learning and development.* Erlbaum.

Roeder, P. M., & Gruehn, S. (1996). Kurswahlen in der gymnasialen Oberstufe Fächerspektrum und Kurswahlmotive. *Zeitschrift für Pädagogik, 42*(4), 497–518.

Rosseel, Y. (2012). lavaan: An R package for structural equation modeling. *Journal of statistical software, 48,* 1–36.

Schiefele, H. (1981). Interesse. In H. Schiefele & A. Krapp (Hrsg.), *Handlexikon zur Pädagogischen Psychologie* (S. 192–196). Ehrenwirth.

Schiefele, H. (1986). Interesse. Neue Antworten auf ein altes Problem. *Zeitschrift für Pädagogik, 32*(2), 153–162.

Schiefele, U. (2009). Motivation. In E. Wild & J. Möller (Hrsg.), *Pädagogische Psychologie* (S. 151–177). Springer.

Schnotz, W., & Bannert, M. (2003). Construction and interference in learning from multiple representation. *Learning and instruction, 13*(2), 141–156.

Spinath, B., Eckert, C., & Steinmayr, R. (2014). Gender differences in school success: What are the roles of students' intelligence, personality and motivation? *Educational Research, 56*(2), 230–243.

Sweller, J., Ayres, P., & Kalyuga, S. (2011). Intrinsic and extraneous cognitive load. *Cognitive load theory* (S. 57–69). Springer.

Wittenmöller-Förster, R. (1993). *Interesse als Bildungsziel.* Lang.

Untersuchung der Lernwirksamkeit Tablet-PC-gestützter Videoanalyse im Mechanikunterricht der Sekundarstufe 2

4

Sebastian Becker⊙, Alexander Gößling⊙ und Jochen Kuhn⊙

Inhaltsverzeichnis

4.1 Videoanalyse von Bewegungen

Eine in der Physikdidaktik seit vielen Jahren bekannte Methode zur berührungslosen Erfassung von Orten und Zeitpunkten bewegter Objekte ist die

S. Becker (✉)
AG Digitale Bildung, Department Didaktiken der Mathematik und der Naturwissenschaften, Universität zu Köln, Köln, Nordrhein-Westfalen, Deutschland
E-Mail: sbeckerg@uni-koeln.de

A. Gößling
Marienschule Bielefeld, Bielefeld, Nordrhein-Westfalen, Deutschland
E-Mail: alexander.goessling@gmx.de

J. Kuhn
Lehrstuhl für Didaktik der Physik, Fakultät für Physik, Ludwig-Maximilians-Universität München, Deutschland, München, Bayern, Deutschland
E-Mail: jochen.kuhn@lmu.de

© Der/die Autor(en) 2023
J. Roth et al. (Hrsg.), *Die Zukunft des MINT-Lernens – Band 2*,
https://doi.org/10.1007/978-3-662-66133-8_4

(physikalische) Videoanalyse. Zunächst wird hierbei ein Bewegungsablauf einer Person oder eines Gegenstandes mit einer Kamera gefilmt, wobei darauf zu achten ist, dass ein Maßstab oder ein Gegenstand bekannter Größe im Bild zu sehen ist und der gesamte Bewegungsablauf ohne Kameraschwenk mit möglichst ruhig gehaltener Kamera (ggf. Stativ nutzen) gefilmt wird. Eine bestimmte Position des Bildes, z. B. der Kopf einer Person, wird dann relativ zu einem zweidimensionalen Koordinatensystem bei konstanter Bildwiederholungsrate erfasst. Mithilfe des Maßstabes können diese Ortsdaten des Bildes in Pixeln in Ortsdaten in realen Längeneinheiten umgerechnet werden. Aus den so ermittelten zeitäquidistanten Ortsdaten können die Geschwindigkeit und die Beschleunigung des Objekts näherungsweise errechnet werden.

Der historische Ursprung dieser Messmethode liegt bereits in den 1980er-Jahren. Auf einem Bildschirm wurde ein Video der Bewegung Bild für Bild abgespielt und dessen Position mit einem Folienstift auf einer Transparentfolie, die vor dem Bildschirm platziert wurde, markiert (Overcash, 1987).

Beichner (1990) gelang eine Weiterentwicklung hin zur digitalen Videoanalyse: Das von ihm entwickelte Computerprogramm konnte die mit der Maus markierten Positionen automatisch in ein Zeit-Ort- und auch Zeit-Geschwindigkeit-Diagramm überführen. Diese manuelle Erfassung der Ortsdaten ist bei den Lernenden mit einem hohen Zeitaufwand verbunden, sodass dadurch Zeit für den eigentlichen Lernprozess verloren geht. Daher wurde ab Ende der 1990er-Jahre auf eine weitgehend automatische Erkennung der Objekte im Bild gesetzt, um die Analysezeit zu reduzieren und so die eigentliche Lernzeit zu erhöhen (z. B. Beichner & Abbott, 1999).

Bis in die 2010er-Jahre wurde die Aufnahme des Videos meist mit einer Digitalkamera und die Auswertung später an einem PC durchgeführt. Hierbei zeigten sich technische Hürden beim Transferprozess des Videos auf den PC, beispielsweise die Konvertierung in das passende Videoformat, sodass eine Integration in den regulären Schulunterricht erschwert wurde. Zudem stellt die zeitliche Trennung zwischen Aufnahme und Verarbeitung des Videos ein Lernhemmnis dar (siehe 4.3.1). Gleichwohl hatten und haben die in den 2000er-Jahren entwickelten Analyseprogramme einen deutlich größeren Funktionsumfang: Es werden je nach Programm neben den diagrammatischen und tabellarischen Darstellungen der Daten auch Stroboskopbilder, Streifenbilder und Vektorpfeile zur Darstellung der Ergebnisse angeboten (Suleder, 2020). Einige Programme bieten auch die Möglichkeit zur Auswertung der Daten mittels Regressionsanalyse oder gar zur Modellierung, z. B. mithilfe der Newton'schen Bewegungsgesetze (Weber & Wilhelm, 2018).

Heutzutage verfügen mobile Endgeräte über technisch hochwertige, eingebaute Digitalkameras, sodass mit einer geeigneten Applikation das Video mit ein und demselben Gerät aufgenommen und analysiert werden kann. Dadurch entfallen die oben genannten Erschwernisse und die Bedienung wird gleichzeitig deutlich vereinfacht. Die *Tablet-PC-gestützte Videoanalyse* stellt somit eine Weiterentwicklung der digitalen Videoanalyse dar. Man muss gleichwohl einräumen, dass die meisten zurzeit verfügbaren Applikationen für die *Tablet-PC-gestützte*

Videoanalyse einen geringeren Funktionsumfang haben als die Programme für den stationären PC. Schnelle und unkomplizierte Exportmöglichkeiten in andere Applikationen, die diesen fehlenden Funktionsumfang ersetzen, können diesen Nachteil jedoch größtenteils kompensieren. Aufgrund der Portabilität der Geräte können Experimente auch außerhalb des Physikraums durchgeführt werden. So können beispielsweise Freihandversuche zu Wurfbewegungen mit Bällen auf dem Schulhof oder dem Spielplatz anstatt im Physikfachraum durchgeführt und somit physikalische Lerninhalte an die Lebenswelt der Schülerinnen und Schüler angekoppelt werden (z. B. Becker et al., 2020c). Zudem kann die Nutzung dieser Alltagsgeräte für den Physikunterricht sich auch positiv auf die Experimentier- und Lernmotivation der Schülerinnen und Schüler auswirken (z. B. Hochberg et al., 2018).

4.2 Durchführung einer Videoanalyse am Beispiel der Applikation *Viana*

Anhand der speziell für den Physikunterricht entwickelten Applikation *Viana* (Nordmeier et al., 2016) soll die Durchführung der Videoanalyse beschrieben werden, wie sie auch für die in Abschn. 4.4 vorgestellte Unterrichtsreihe verwendet wurde. Die Applikation kann nur auf iPads installiert werden und ist kostenlos erhältlich.

Nach dem Start der Applikation kann ausgewählt werden, ob ein neues Video aufgenommen, ein bestehendes Video importiert oder ein vorhandenes Projekt bearbeitet werden soll. Neue Videos können mit einer Bildwiederholungsrate von 30, 60 oder 120 Bildern pro Sekunde (fps; engl. „frames per second") aufgenommen werden. Die hohe Bildwiederholungsrate ermöglicht auch die Analyse von Bewegungen, die für das Auge zu schnell ablaufen. Bei der Aufnahme besteht die Möglichkeit, die Verschlusszeit (*Shutter*-Zeit) der Kamera und die *Helligkeit* so einzustellen, dass sich das zu erfassende Objekt gut vor dem Hintergrund abhebt. Zu beachten ist, dass die Verschlusszeit der Kamera kleiner als der zeitliche Abstand zwischen zwei Bildern (1/fps) sein muss.

Nach der Aufnahme oder dem Import beginnt die eigentliche Videoanalyse durch Auswahl der entsprechenden Schaltflächen am unteren Bildschirmrand (Abb. 4.1 unten). Zunächst wird über die Schaltfläche *Details* der zeitliche Analysebereich des Videos so eingestellt, dass die zu analysierende Bewegung mit dem ersten Bild beginnt. Die Positionserfassung kann entweder als *manuelle Erfassung,* automatische *Farberkennung* (Farbkontrast) oder automatische *Bewegungserkennung* (Hell-Dunkel-Kontrast) erfolgen. Bei der manuellen Erfassung muss das Objekt mit dem Finger in jedem einzelnen Bild markiert werden. Dieses Verfahren ist aufgrund des erheblichen Zeitaufwandes nur zu empfehlen, wenn die automatische Erkennung das Objekt nicht präzise verfolgen kann. Nach der Erfassung der zeitabhängigen Positionen werden diese dem Realbild als Kreuze überlagert (Abb. 4.1 mittig). Nun erfolgt die Umwandlung der Positionen gemessen in Pixel in Positionen gemessen in Längeneinheiten,

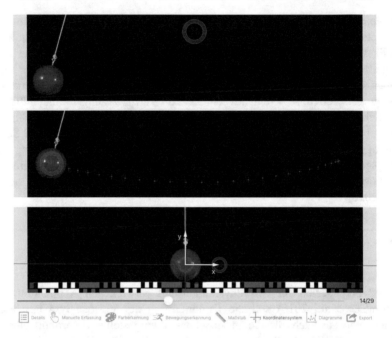

Abb. 4.1 Screenshots der Videoanalyse-App Viana; oben: vor der Bewegungsanalyse, mittig: nach der Bewegungsanalyse, unten: Festlegung des Koordinatensystems, Maßstab und Menüleiste

indem über die Schaltfläche *Maßstab* einer bekannten Länge im Bild die entsprechende Pixelanzahl zugeordnet wird. Über die gleichnamige Schaltfläche werden Ursprung und Orientierung des *Koordinatensystems* festgelegt (Abb. 4.1 unten). Es ist zu beachten, dass eine Änderung des Koordinatensystems jederzeit erfolgen kann und automatisiert alle generierten Diagramme simultan daran angepasst werden. Durch Auswahl der Schaltfläche *Diagramme* werden die Zeit-, Orts- und Geschwindigkeitsdaten entlang der Koordinatenachsen x und y berechnet und nacheinander durch Wischbewegung ein x-y-Ortsdiagramm, ein Zeit-Ort-Diagramm und ein Zeit-Geschwindigkeit-Diagramm je für die x- und y-Richtung angezeigt (Abb. 4.2 mittig und unten). Zur weiteren Auswertung, z. B. für eine Regressionsanalyse, können die Daten abschließend sehr einfach über einen *Export* direkt in eine weitere Applikation transferiert werden. Eine hierfür geeignete, kostenlose Applikation stellt *Vernier Graphical Analysis* dar. Hinweise zur Bedienung dieser Applikation finden sich bei Becker et al. (2021).

4.3 Lerntheoretischer Hintergrund

Für die Fundierung der Wirksamkeit digitaler Werkzeuge und damit auch der Forschungshypothesen der in diesem Beitrag vorgestellten empirischen Untersuchungen werden drei etablierte Lerntheorien zum multimedialen Lernen ver-

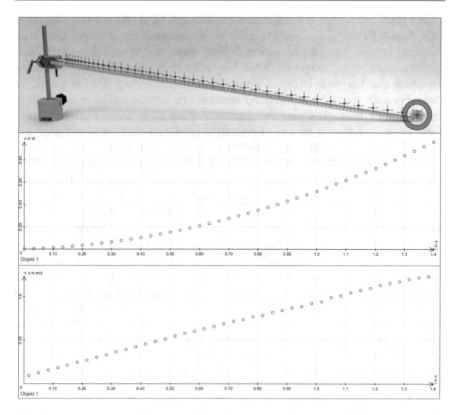

Abb. 4.2 Screenshots der Videoanalyse-App *Viana;* oben: Stroboskopabbildung, mittig: Zeit-Ort-Diagramm, unten: Zeit-Geschwindigkeit-Diagramm

wendet und im Folgenden kurz vorgestellt: der *DeFT-Orientierungsrahmen* (Design, Function, Task) für das Lernen mit multiplen externen Repräsentationsformen (MER) nach Ainsworth (1999, 2006, 2008) sowie die *Cognitive Load Theory* (CLT) nach Sweller et al. (2011) und die *Cognitive Theory of Multimedia Learning* (CTML) nach Mayer (1999, 2003).

4.3.1 DeFT Orientierungsrahmen für multiple externe Repräsentationen

MER sind verschiedene Repräsentationsformen zu einem gemeinsamen Bezugsobjekt (Krey & Schwanewedel, 2018). Ainsworth (1999, 2006, 2008) differenziert den Begriff in Bezug auf die Naturwissenschaften weiter aus, indem nicht nur zwischen bildhaften und textbasierten Informationen unterschieden wird, sondern stattdessen Diagramme, Formeln, Tabellen etc. als eigenständige Repräsentationen bezeichnet werden.

Für einen erfolgreichen Lernprozess mithilfe von MER müssen laut Ainsworth drei Schlüsselfunktionen erfüllt sein. *i) Komplementäre Rollen:* Die erste Funktion besagt, dass alle relevanten Informationen auf verschiedene MER aufgeteilt werden sollten, wenn die Bündelung auf eine einzige MER zu einer Überforderung der Lernenden führen würde. Eine Unterstützung des Lernprozesses kann aber auch erreicht werden, wenn verschiedene Repräsentationen die gleichen Informationen beinhalten und der Lernende diese dann individuell auswählen kann. Diese Funktion ist bei der Videoanalyse erfüllt, da die Repräsentationen wie Realbild, Stroboskopabbildung, Tabelle, Diagramm und Formel zeitlich quasisimultan zu einem Bewegungsablauf für den Lernenden zur Verfügung stehen und ausgewählt werden können. *ii) Interpretationseinschränkung:* Die zweite Schlüsselfunktion bezieht sich auf die Darstellung von zwei Repräsentationen, von denen die eine Informationen für die Lernenden bereitstellt, die für sie sehr allgemein oder auch noch unklar sein könnten. Eine zweite Repräsentation, mit der die Lernenden besser vertraut sind, könnte dieselben Informationen so einschränken, dass Unklarheiten aufgelöst werden können. Bei der Videoanalyse kann z. B. die weniger abstrakte Repräsentation der Stroboskopabbildung mit der deutlich abstrakteren und in anderen Kontexten häufiger genutzten Repräsentation des Diagramms kombiniert werden. *iii)* Die *Konstruktion eines tieferen Verständnisses* wird für Lernende ermöglicht, indem sie Informationen aus verschiedenen MER integrieren, die sie aus einer einzelnen Repräsentation nicht hätten erhalten können. Dadurch wird das Transferpotenzial in neue Lernsituationen erhöht. Bei der Videoanalyse kann ein tieferes Verständnis von Bewegungsabläufen vor allem dadurch erreicht werden, dass Bewegungsdiagramme, Stroboskopabbildung und realer Bewegungsablauf miteinander kombiniert werden.

4.3.2 CLT und CTML

Beim Lernen mit MER muss auch die kognitive Belastung berücksichtigt werden, die dazu führen kann, dass bei einer zu hohen kognitiven Belastung während des Lernprozesses die Nutzung von MER keinen Mehrwert mehr für das Lernen darstellt. Mayer (1999, 2003) liefert mit seiner *Cognitive Theory of Multimedia Learning* (CTML) Leitlinien zur Reduktion dieser kognitiven Belastung.

In der *Cognitive Load Theory* (CLT) wird angenommen, dass das menschliche Arbeitsgedächtnis in seiner Verarbeitungskapazität begrenzt ist. Hierbei spielen der Schwierigkeitsgrad des Lerngegenstandes *(Intrinsic CL),* die Qualität der Lernumgebung *(Extraneous CL)* und die Belastung zum Erlernen neuer Inhalte *(Germane CL)* eine Rolle. Weiterhin geht die CTML davon aus, dass auditive und visuelle Informationen in getrennten, voneinander unabhängigen Kanälen verarbeitet werden. Jeder Kanal besitzt ebenfalls eine beschränkte Verarbeitungskapazität. Das Lernen stellt innerhalb der CTML einen aktiven Prozess dar, d. h., es ist eine intensive Auseinandersetzung mit dem neuen Lerngegenstand erforderlich, um diesen in das Langzeitgedächtnis einzubetten.

Folglich können durch eine Reduktion der lernirrelevanten Belastung Ressourcen im Arbeitsgedächtnis freigesetzt werden, die zur Wissenskonstruktion lernrelevanter Inhalte genutzt werden können (Mayer & Moreno, 2003). Eine solche Reduktion kann z. B. dadurch erreicht werden, dass korrespondierende Informationen zeitlich und räumlich simultan zur Verfügung stehen und keine Ressourcen für Suchprozesse zusammengehörender Informationen aufgewendet werden müssen (Mayer & Moreno, 2003). Bei der *Tablet-PC-gestützten Video-analyse*, insbesondere bei der vorgestellten Applikation *Viana,* wird dies dadurch erreicht, dass alle zur Verfügung stehenden MER entweder gleichzeitig auf einem Bildschirm zu sehen sind oder durch Fingergesten zeitlich quasisimultan zur Verfügung stehen.

Weiterhin kann durch eine Aufteilung der lernrelevanten Informationen in kleine Einheiten ebenfalls eine Überlastung vermieden werden. Dies kann z. B. bei einer dynamischen Visualisierung von Informationen dadurch erreicht werden, dass diese in mehrere Abschnitte zerlegt werden, deren zeitliche Abfolge und Dauer von den Lernenden kontrolliert werden können (z. B. Mayer & Pilegard, 2014). Bei der *Tablet-PC-gestützten Videoanalyse* stellen diese *Abschnitte* die zur Verfügung stehenden MER dar, welche – je nach Lernpräferenz der Lernenden – für eine beliebige Zeit und in beliebiger Reihenfolge betrachtet werden können. So können beispielsweise die Realbewegung (Abb. 4.1) oder auch die dazu gehörende Stroboskopabbildung (Abb. 4.2 oben) und ein für den Lernprozess relevantes Diagramm (Abb. 4.2 mitte und unten) zeitlich dynamisch und in der Reihenfolge flexibel durch den Lernenden genutzt werden.

4.4   Empirische Prüfung der Lernwirksamkeit

4.4.1   Studiendesign

Die Lernwirksamkeit des unterrichtlichen Einsatzes der Tablet-PC-gestützten Videoanalyse als digitales Experimentier- und Lernwerkzeug wurde in mehreren Feldstudien mit Interventionsgruppe (IG) und Kontrollgruppe (KG) untersucht (Pilotstudie: Becker et al., 2019; Hauptstudie: Becker et al., 2020a, b). Als Untersuchungsdesign wurde sich für eine clusterrandomisierte, quasiexperimentelle Feldstudie mit Prä- und Posttests (vgl. Dreyhaupt et al., 2017) entschieden. Es wurden somit nicht einzelne Individuen der IG und der KG zugeordnet, sondern ganze Physikkurse. Auf eine vollständige Randomisierung wurde verzichtet, denn diese hätte bedingt, dass einzelne Schülerinnen oder Schüler innerhalb eines Physikkurses zur IG oder KG hätten zugeteilt werden müssen und eine gegenseitige Beeinflussung aufgrund der fehlenden räumlichen Trennung nicht hätte ausgeschlossen werden können. Forschungsziel war es, durch den Vergleich mit einer Kontrollgruppe die Wirksamkeit des unterrichtlichen Einsatzes der Tablet-PC-gestützten Videoanalyse hinsichtlich Emotionen, kognitiver Belastung und physikalischen Konzeptverständnisses empirisch nachzuweisen. Die Untersuchungspopulation wurde aus Schülerinnen und Schülern der Eingangsphase der gymnasialen Oberstufe rekrutiert. Während die Schülerinnen und Schüler der IG Experimente mittels mobiler Videoanalyse durchführten, taten dies die Schülerinnen und Schüler der KG mit traditionellen Experimentiermaterialien. Sowohl für die IG als auch für die KG wurde im Vorfeld in Kooperation mit Lehrkräften mit mehrjähriger Berufserfahrung jeweils eine Unterrichtssequenz entwickelt, welche von den an den Studien mitwirkenden Lehrkräften in ihrem eigenen Mechanikunterricht durchgeführt wurde. Als physikalisches Thema wurde die gleichmäßig beschleunigte Bewegung auf Grundlage dessen aus- gewählt, dass es sich zum einen um ein essenzielles, curricular valides Thema der Oberstufenphysik handelt und dass zum anderen Schülerexperimente zur Erkenntnisgewinnung bezüglich dieser Thematik in gleicher Weise mit und ohne Videoanalyse durchgeführt und ausgewertet werden können. Im Folgenden soll nun die entwickelte Unterrichtssequenz zur gleichmäßig beschleunigten Bewegung näher beschrieben werden.

Die Sequenz beginnt mit einer vier Unterrichtsstunden umfassenden Experi- mentierphase, in welcher die Schülerinnen und Schüler in Kleingruppen experimentieren. Hierzu wurde ein kostengünstiger Experimentaufbau bestehend aus einem Aluminiumprofil, einem Gummifuß und einer Stahlkugel gewählt. Durch den Gummifuß wird das Aluminiumprofil geneigt, sodass die Stahlkugel beim Hinunterrollen bzw. Hinaufrollen positiv bzw. negativ beschleunigt wird. Während die Schülerinnen und Schüler der IG Videos der Kugel mit einem Tablet aufnahmen und mittels der in Abschn. 4.2 vorgestellten Videoanalyse-App *Viana* analysierten (Abb. 4.2), nutzten die Schülerinnen und Schüler der KG für die Messwertaufnahme und -analyse Maßband, Stoppuhr und grafischen Taschen- rechner.

An die Experimentierphase schloss eine lernkonsolidierende Übungsphase an, in welcher die in der Experimentierphase erworbenen Kenntnisse und Fähig- keiten durch die Bearbeitung von Übungsaufgaben gefestigt und vertieft wurden. Hierfür analysierte die IG vorgefertigte Videos von gleichmäßig beschleunigten Bewegungen, die KG bearbeitete traditionelle, papierbasierte Übungsaufgaben. Um die Vergleichbarkeit zu gewährleisten, wurden in den papierbasierten Übungs- aufgaben diejenigen Repräsentationen verwendet, welche auch bei der Analyse der vorgefertigten Videos vorkommen.

Hervorzuheben ist hierbei die starke Kontrolle hinsichtlich eines fairen Ver- gleichs zwischen IG und KG. So unterschied sich die Unterrichtssequenz für beide Gruppen nicht bezüglich des Lerninhalts, der Lernzeit, der Sozial- form des Lernens, der eingesetzten Repräsentationsformen oder der kognitiven Anforderungen, sondern lediglich in den verwendeten Experimentier- und Ana- lysewerkzeugen. Die vergleichbaren kognitiven Anforderungen ergeben sich aus der Gleichheit des Lerninhalts und der Vergleichbarkeit der Lernmaterialien sowie insbesondere auch der vergleichbaren Aufgabenstellungen (Becker et al., 2019).

Durch einen Prä-Post-Vergleich wurde für beide Gruppen der Lernzuwachs bezüglich physikalischen Konzeptverständnisses für Experimentier- und Übungsphase durch einen Leistungstest bestimmt und anschließend auf signi- fikante Gruppenunterschiede hin statistisch geprüft. Die durch die Intervention induzierte kognitive Belastung wurde mittels eines validierten Messinstruments (Cognitive Load Scale; Leppink et al., 2013) erhoben. Zur Erfassung der interventionsinduzierten Emotionen wurde ein Fragebogen bestehend aus Items des Achievement Emotions Questionnaire (Pekrun et al., 2011) bezüglich positiv aktivierender (Freude, Zufriedenheit) und negativ deaktivierender Emotionen (Langeweile, Frustration und Unsicherheit) eingesetzt.

4.4.2 Ausgewählte Studienergebnisse

Interventionsinduzierte Emotionen: Beim Experimentieren mit dem Tablet-PC zeigten die Schülerinnen und Schüler eine signifikant schwächere Ausbildung an negativen Emotionen. Die Ursache könnte darin liegen, dass durch die digitale Erfassung von Messwerten und deren automatisierte Visualisierung Routineaufgaben mit einer geringen kognitiven Aktivierung vermieden werden, was zu einer Steigerung der kognitiven Qualität der Unterrichtssequenz beitragen und dadurch die Formation von negativen Emotionen vermindern kann. Der Gruppenunterschied bezüglich negativer Emotionen konnte zudem mit hoher Teststärke statistisch nachgewiesen werden (siehe Abschn. 4.4.3), was für eine Generalisierbarkeit dieses Studienergebnisses spricht.

Kognitive Belastung: Es konnte mit hoher Teststärke statistisch nachgewiesen werden, dass die lernirrelevante kognitive Belastung der Schülerinnen und Schüler, welche mittels der Tablet-PC-gestützten Videoanalyse experimentierten, signifikant geringer war (siehe Abschn. 4.4.3). Auch hierbei kann somit von einer Generalisierbarkeit des Befundes ausgegangen werden. Das digitale Experimentierwerkzeug erweist sich damit als geeignet, die kognitive Belastung in Experimentiersituationen zu reduzieren und damit kognitive Ressourcen bei den Schülerinnen und Schülern freizusetzen, welche diese für eine aktive Wissenskonstruktion während des experimentbasierten Lernprozesses nutzen können, um den physikalischen Lerninhalt vertieft zu verstehen.

Physikalisches Konzeptverständnis: Für den experimentbasierten Lernprozess wirkte sich der Einsatz des digitalen Experimentierwerkzeugs auch positiv auf das physikalische Konzeptverständnis aus. So erzielten Schülerinnen und Schüler, welche mittels Tablet-PC-gestützter Videoanalyse experimentierten, insbesondere bezüglich des Verständnisses der Beschleunigung als gerichtete Größe signifikant bessere Leistungen als Schülerinnen und Schüler, welche die traditionellen Experimentiermittel nutzten (siehe Abschn. 4.4.3). Eine mögliche Ursache für diesen Effekt ist die dynamische Verknüpfung von Koordinatensystem und Bewegungsdiagrammen, welche in der Videoanalyse-App implementiert ist. So werden bei einer Positionsveränderung des Koordinatensystems die Bewegungsdiagramme automatisch von der Videoanalyse-App entsprechend angepasst, sodass die Lernenden die Auswirkung einer Variation des Koordinatensystems quasisimultan beobachten können, d. h., durch eine Wischbewegung können die Bewegungsdiagramme ohne merkliche Verzögerung betrachtet werden.

Auch hier gelang der statistische Nachweis des positiven Effekts mit hoher Teststärke, darüber hinaus konnte der Effekt in insgesamt zwei Studien nachgewiesen und somit repliziert werden. Damit kann von einer Generalisierbarkeit des Effekts ausgegangen werden, also einer Unabhängigkeit von Stichprobenpopulation und Studiensetting. Damit ist ein grundlegender Bedingungsfaktor für den Praxistransfer und die Implementation in den regulären Schulunterricht erfüllt. Offen bleibt jedoch, ob die Wirksamkeit der Tablet-gestützten Videoanalyse auch bei einem längerfristigen Einsatz erhalten bleibt oder sich durch die wiederholte Anwendung in verschiedenen Kontexten möglicherweise sogar verstärkt.

Während für den experimentbasierten Lernprozess eine replizierbare lernförderliche Wirung einer digitalen Unterstützung nachgewiesen wurde, war dies indes für die an die Experimentierphase anschließende Übungsphase nicht der Fall. Es konnte somit kein positiver Effekt der Analyse vorgefertigter Videos im Vergleich zu traditionellen, papierbasierten Übungsaufgaben festgestellt werden. Zu prüfen bleibt, ob durch eine Weiterentwicklung der Videoanalyse-App mit optimierten vorgefertigten Videos nicht auch in einer Übungsphase ein lernförderlicher Effekt erzielt werden könnte.

4.4.3   Analysemethoden und statistische Kennwerte

Für die vergleichenden Analysen zwischen der IG und der KG wurden die emotionalen Variablen, die kognitiven Belastungsvariablen und die kognitive Leistungsvariable einer Mehrebenen-Regressionsanalyse mit den zwei Aggregatebenen *Schülerinnen und Schüler* (Individualebene) und *Klassen- bzw. Kursverband* (nächst höhere Aggregatebene) unterzogen. Grundlage dieses Verfahrens ist eine simultane mehrstufige Regressionsmodellierung, in welcher für jede Ebene ein eigenes lineares Modell definiert wird. Die Regressionsgleichung für die auf der untersten Ebene gemessene abhängige Variable wird dafür mit Regressionsparametern aus höheren Ebenen ergänzt, für welche wiederum eigene Regressionsgleichungen definiert sind.

Die schwächere Ausbildung an negativen Emotionen konnte dabei mit einer hohen Teststärke von $1 - \beta = .878$ und einer kleinen Effektstärke von $\eta^2 = .057$ gezeigt werden. Die geringere lernirrelevante kognitive Belastung wurde mit einer sehr hohen Teststärke von $1 - \beta = 0{,}979$ und einer mittleren Effektstärke von $\eta^2 = .090$ nachgewiesen. Das bessere physikalische Konzeptverständnis konnte mit einer sehr hohen Teststärke von $1 - \beta = .974$ und einer kleinen Effektstärke von $\eta^2 = .053$ demonstriert werden.

4.5   Zusammenfassung

Die Tablet-PC-gestützte Videoanalyse ist eine Möglichkeit, Zeit-Ort-Koordinaten bei Bewegungen mit hoher zeitlicher und räumlicher Genauigkeit digital zu erfassen sowie in unterschiedlichen Repräsentationsformen zu visualisieren und damit den experimentellen Lernprozess digital zu unterstützen. Durch das mobile Medium können Lernprozesse aus dem Physiksaal in lebensnahe Umgebungen wie den Sport- oder Spielplatz ausgelagert werden, was zu einer lernförderlichen Realitätsanbindung des Physikunterrichts beitragen kann. Die Lernwirksamkeit eines unterrichtlichen Einsatzes der Tablet-PC-gestützten Videoanalyse im Vergleich zu traditionellen Experimentiermaterialien konnte für das Themengebiet Kinematik in ökologisch validen Feldstudien wissenschaftlich nachgewiesen werden. Damit wurde die Grundlage für eine evidenzbasierte Entscheidung von Lehrkräften für die Nutzung des digitalen Experimentierwerkzeugs im eigenen Unterricht und damit für eine gelingende Implementation in den regulären Schulunterricht gelegt.

Literatur

Ainsworth, S. (1999). The functions of multiple representations. *Computers & Education, 33,* 131–152. https://doi.org/10.1016/S0360-1315(99)00029-9.

Ainsworth, S. (2006). DeFT: A conceptual framework for considering learning with multiple representations. *Learning and Instruction, 16*(3), 183–198. https://doi.org/10.1016/j.learninstruc.2006.03.001.

Ainsworth, S. (2008). The educational value of multiple-representations when learning complex scientific concepts. In J. K. Gilbert, M. Reiner, & M. Nakhleh (Hrsg.), *Visualization: Theory and practice in science education* (S. 191–208). Springer Netherlands. https://doi.org/10.1007/978-1-4020-5267-5_9.

Becker, S., Klein, P., Gößling, A., & Kuhn, J. (2019). Förderung von Konzeptverständnis und Repräsentationskompetenz durch Tablet-PC-gestützte Videoanalyse. *Zeitschrift für Didaktik der Naturwissenschaften, 25,* 1–24. https://doi.org/10.1007/s40573-019-00089-4.

Becker, S., Klein, P., Gößling, A., & Kuhn, J. (2020a). Using mobile devices to enhance inquiry-based learning processes. *Learning and Instruction, 69,* 101350. https://doi.org/10.1016/j.learninstruc.2020.101350.

Becker, S., Klein, P., Gößling, A., & Kuhn, J. (2020b). Dynamic visualizations of multiple representations using mobile video analysis in physics lessons – Effects on emotion, cognitive load and conceptual understanding. *Zeitschrift für Didaktik der Naturwissenschaften, 26,* 123–142. https://doi.org/10.1007/s40573-020-00116-9.

Becker, S., Gößling, A., Thees, M., Klein, P., & Kuhn, J. (2020c). Mobile Videoanalyse im Mechanikunterricht. *Plus Lucis, 1,* 24–31.

Becker, S., Gößling, A., & Kuhn, J. (2021). Bewegungen ortsunabhängig analysieren – Videoanalyse mit dem Tablet im Mechanikunterricht, In J. Meßinger-Koppelt & J. Maxton-Küchenmeister (Hrsg.), *Naturwissenschaften digital – Band 2* (S. 44–47), Joachim Herz Stiftung.

Beichner, R. J. (1990). The effect of simultaneous motion presentation and graph generation in a kinematics lab. *Journal of Research in Science Teaching, 27*(8), 803–815. https://doi.org/10.1002/tea.3660270809.

Beichner, R. J., & Abbott, D. S. (1999). Video-based labs for introductory physics courses. *Journal of Computer Science and Technology, 29*(2), 101–104.

Dreyhaupt, J., Mayer, B., Keis, O., Öchsner, W., & Muche, R. (2017). Cluster-randomized studies in educational research: principles and methodological aspects. *GMS Journal for Medical Education, 34*(2), 1–25. https://doi.org/10.3205/zma001103.

Hochberg, K., Kuhn, J., & Müller, A. (2018). Using Smartphones as experimental tools – Effects on interest, curiosity and learning in physics education. *Journal of Science Education and Technology, 27*(5), 385–403. https://doi.org/10.1007/s10956-018-9731-7.

Krey, O. & Schwanewedel, J. (2018). Lernen mit externen Repräsentationen. In D. Krüger, I. Parchmann, & H. Schecker (Hrsg.), *Theorien in der naturwissenschaftsdidaktischen Forschung* (S. 159–175). Springer. https://doi.org/10.1007/978-3-662-56320-5_10.

Leppink, J., Paas, F., van der Vleuten, C. P. M., van Gog, T., & van Merriënboer, J. J. G. (2013). Development of an instrument for measuring different types of cognitive load. *Behavior Research Methods, 45*(4), 1058–1072. https://doi.org/10.3758/s13428-013-0334-1.

Mayer, R. E. (1999). Multimedia aids to problem-solving transfer. *International Journal of Educational Research, 31,* 611–624. https://doi.org/10.1016/S0883-0355(99)00027-0.

Mayer, R. E. (2003). The promise of multimedia learning: Using the same instructional design methods across different media. *Learning and Instruction, 13*(2), 125–139. https://doi.org/10.1016/S0959-4752(02)00016-6.

Mayer, R. E., & Moreno, R. (2003). Nine ways to reduce cognitive load in multimedia learning. *Educational Psychologist, 38*(1), 43–52. https://doi.org/10.1207/S15326985EP3801_6.

Mayer, R. E., & Pilegard, C. (2014). Principles for managing essential processing in multimedia learning: Segmenting, pre-training, and modality principles. In R. E. Mayer (Hrsg.), *The cambridge handbook of multimedia learning* (S. 316–344). Cambridge University Press. https://doi.org/10.1017/CBO9781139547369.016.

Nordmeier, V., Schummel, N. & Schwarzhans, D. (2016). Viana – eine App zur Videoanalyse im Physikunterricht. *PhyDid B – Didaktik der Physik – Beiträge zur DPG-Frühjahrstagung*.

Overcash, D. R. (1987). Video analysis of motion. *The physics teacher, 25,* 503–504. https://doi.org/10.1119/1.2342348.

Pekrun, R., Goetz, T., Frenzel, A. C., Barchfeld, P., & Perry, R. P. (2011). Measuring emotions in students' learning and performance: The achievement emotions questionnaire (AEQ). *Contemporary Educational Psychology, 36*(1), 36–48. https://doi.org/10.1016/j.cedpsych.2010.10.002.

Suleder, M. (2020). Eine kurze Geschichte der Videoanalyse. *Plus Lucis, 1,* 4–6.

Sweller, J., Ayres, P., & Kalyuga, S. (2011). *Cognitive load theory*. Springer. https://doi.org/10.1007/978-1-4419-8126-4.

Weber, J. & Wilhelm, T. (2018). Vergleich von modellierten Daten mit Videoanalysedaten mit verschiedener Software. *Plus Lucis, 4,* 18–25 (2020).

Unterstützung von Experimenten zu Linsensystemen mit Simulationen, Augmented und Virtual Reality: Ein Praxisbericht

5

Sergey Mukhametov, Salome Wörner, Christoph Hoyer, Sebastian Becker und Jochen Kuhn

Inhaltsverzeichnis

S. Mukhametov (✉) · S. Wörner · J. Kuhn
Fachbereich Physik, Arbeitsgruppe Didaktik der Physik, Technische Universität
Kaiserslautern, Kaiserslautern, Deutschland
E-Mail: mukhamet@physik.uni-kl.de

S. Wörner
E-Mail: s.woerner@iwm-tuebingen.de

J. Kuhn
E-Mail: kuhn@physik.uni-kl.de

S. Wörner
Leibniz-Institut für Wissensmedien Tübingen, Tübingen, Deutschland
E-Mail: s.woerner@iwm-tuebingen.de

C. Hoyer
Lehrstuhl für Didaktik der Physik, Ludwig-Maximilians-Universität München, Fakultät für
Physik, München, Deutschland
E-Mail: christoph.hoyer@physik.uni-muenchen.de

S. Becker
Department Didaktiken der Mathematik und der Naturwissenschaften, Universität zu Köln,
Köln, Deutschland
E-Mail: sbeckerg@uni-koeln.de

© Der/die Autor(en) 2023
J. Roth et al. (Hrsg.), *Die Zukunft des MINT-Lernens – Band 2*,
https://doi.org/10.1007/978-3-662-66133-8_5

5.1   Einleitung

Modelle helfen in der Physik, Phänomene zu beschreiben und zu erklären sowie die Komplexität von Sachverhalten zu verringern. In Lehr-Lern-Situationen sollten Modelle anschaulich, einfach, transparent und vertraut sein (vgl. Kircher et al., 2010, S. 792 ff.). Die rasant fortschreitende Technik bietet neue unterrichtliche Möglichkeiten, Lernenden einen intuitiven Zugang zu Modellvorstellungen zu ermöglichen. Beim Experimentieren mithilfe von Simulationen können beispielsweise Modellvorstellungen direkt in digitale Experimente eingebettet werden. Die Anbindung dieser Modellvorstellungen an das Realexperiment muss dabei angemessen unterstützt werden. Mithilfe der sogenannten Augmented Reality (AR; dt.: erweiterte Realität) kann ein Realexperiment durch virtuelle Elemente erweitert werden: Hier werden reale Objekte mit virtuellen Einblendungen überlagert. In der Vergangenheit wurden bereits AR-Anwendungen für den Physikunterricht vorgestellt. Beispielsweise wurden für eine Abbildung am Spiegel mittels GeoGebra Modellvorstellungen zum Strahlenmodell des Lichts unterstützt (Teichrew & Erb, 2020). In der Virtual Reality (VR; dt.: virtuelle Realität) ist es durch das Tragen entsprechender Brillen möglich, die tatsächliche Realität auszuschließen und Experimente in einer idealisierten virtuellen Welt durchzuführen. Hier kann durch die Reduktion auf schematische Darstellungen komplexer Systeme beispielsweise eine Fokussierung auf elementare Bestandteile des physikalischen Problems ermöglicht werden.

Der vorliegende Praxisbericht gibt zum Themengebiet der Abbildung an Linsen konkrete Einblicke, wie in Simulationen und in AR- oder VR-Anwendungen Elemente des Realexperiments und Modellvorstellungen zu Konstruktionsstrahlen kombiniert werden können. Modellvorstellungen dienen in der Physik dazu, Sachverhalte darzulegen, Vorhersagen zu treffen, Probleme zu lösen sowie Zusammenhänge zu erfassen. Die Vermittlung und Anwendung von Modellen ist daher auch ein immanenter Bestandteil des Physikunterrichts. Bei der Integration von Modellvorstellungen in Anwendungen der AR oder VR muss jedoch bedacht werden, dass sowohl das Realexperiment als auch die Einblendungen der Modellvorstellungen verschiedene Sichtweisen auf den Lerngegenstand zulassen, die für einen erfolgreichen Lernprozess miteinander in Verbindung gesetzt werden müssen. Zugrunde liegende theoretische Aspekte werden von der Theorie des Lernens mit multiplen Repräsentationen (Ainsworth, 2006) beschrieben. Multimediale Anwendungen erlauben eine Präsentation von Inhalten in einer sehr hohen Informationsdichte. Hierbei werden nicht selten die Informationen derart aufbereitet, dass sie vom Rezipienten über verschiedene Sinneskanäle wahrgenommen werden (z. B. in Form von Bild und Ton). Die hierbei notwendige Integration von Informationen aus unterschiedlichen multimedialen

Informationsquellen (in den vorgestellten Optikexperimenten beispielweise die Darstellungen der Konstruktionsstrahlen, Linsen und interaktiven Elemente der Benutzeroberfläche) stellt teilweise hohe kognitive Anforderungen an die Lernenden (Sweller, 2010). Aus diesem Grund wird im Weiteren auch auf die Cognitive Load Theory (Sweller, 1988; Sweller et al., 1998; van Merriënboer & Sweller, 2005) eingegangen.

5.2 Theorie

5.2.1 Theorie zum Lernen mit multiplen Repräsentationen

Man spricht vom Lernen mit multiplen externen Repräsentationen (MER), wenn dem Lernenden zur Auseinandersetzung mit einem Lerngegenstand mehrere unterschiedliche Repräsentationen (z. B. Texte, Bilder, Grafiken, Formeln), welche sich auf den gleichen Lerninhalt beziehen, zur Verfügung stehen. Nach diSessa (2004) ist die kompetente Verwendung von MER eine Grundvoraussetzung für das Verständnis komplexer naturwissenschaftlicher Zusammenhänge. Auch Tytler et al. (2013) schreiben MER für Lernprozesse in den Naturwissenschaften eine essenzielle Bedeutung zu. Dies gilt insbesondere auch für experimentbasierte Lernprozesse, in denen die Lernenden Informationen aus unterschiedlichen Repräsentationsformen selektieren und kohärent integrieren müssen, um Experiment und Theorie zur Erkenntnisgewinnung miteinander zu verknüpfen.

Um die Funktionen von MER zur Unterstützung von Lernprozessen zu beschreiben und die MER dadurch klassifizieren zu können, schuf Ainsworth (2006, 2008) den DeFT-Orientierungsrahmen (Design, Function, Tasks) und identifizierte darin drei lernförderliche Funktionen:

a) MER können sich gegenseitig ergänzen, indem sie entweder komplementäre Informationen für das Lernen bereitstellen oder unterschiedliche kognitive Prozesse anregen;
b) Informationen können in zwei unterschiedlichen Repräsentationsformen dargestellt werden, von denen die eine Form den Lernenden mehr vertraut ist als die andere, wodurch die Interpretation der weniger vertrauten Repräsentation unterstützt wird;
c) das Integrieren von Informationen aus MER kann bei den Lernenden zu einem tieferen Verständnis des Lerninhalts führen. MER haben damit das Potenzial, naturwissenschaftliche Lernprozesse zu unterstützen und zu fördern.

Bezogen auf Experimente mit Linsensystemen sind es insbesondere folgende Repräsentationsformen, aus denen Informationen extrahiert und miteinander kombiniert werden können: Realexperiment, Simulationsexperiment, AR- oder VR-Experiment und Versuchsskizze.

Ob der Einsatz von MER tatsächlich lernförderlich wirkt, ist jedoch abhängig von den Bedingungen, unter denen MER in Lernsituationen verwendet werden.

Nach Wu und Puntambekar (2012) ist entscheidend, wie Lernende bei der Interpretation von MER unterstützt werden. Ansonsten kann es aufgrund der hohen Komplexität und Dichte der Informationsdarbietung zu einer kognitiven Überlastung (vgl. Abschn. 5.2.2) bei den Lernenden kommen, welche die förderliche Wirkung auf den Lernprozess beeinträchtigen oder sogar überkompensieren kann. Deshalb sollte beim Einsatz in Lehr-Lern-Szenarien immer auch die kognitive Belastung der Lernenden Berücksichtigung finden. Dies gilt im Besonderen für experimentbasierte Lernprozesse, in denen die Lernenden allein schon durch experimentelle Handlungen (z. B. den Einbau von Messgeräten) kognitiv belastet werden und Informationen nicht von Anfang an verfügbar sind, sondern erst in der experimentellen Lernumgebung identifiziert bzw. generiert werden müssen. Eine digitale Unterstützung bei der Erfassung und Visualisierung der Messdaten kann dazu beitragen, die kognitive Belastung beim Experimentieren zu reduzieren. In Bezug auf Experimente mit Linsensystemen können beispielsweise Gegenstands- und Bildweite, die Brennpunkte der Linsen und die Konstruktionsstrahlen digital visualisiert werden. Durch diese Visualisierungen können Lernende die Informationen aus diesen unterschiedlichen Repräsentationsformen einfacher miteinander kombinieren, was ihnen dabei hilft, die physikalischen Grundlagen des Bildentstehungsprozesses zu verstehen.

5.2.2 Cognitive Load Theory und Cognitive Theory of Multimedia Learning

Die Cognitive Load Theory (Sweller, 1988; Sweller et al., 1998; van Merriënboer & Sweller, 2005) basiert auf der Grundannahme einer begrenzten Kapazität des Arbeitsgedächtnisses. In Lernsituationen wird demnach das Arbeitsgedächtnis durch die Aufnahme und Verarbeitung von Informationen „kognitiv belastet". Die Gesamtbelastung (engl.: Cognitive Load) setzt sich aus drei unterschiedlichen Belastungsarten zusammen (siehe z. B. Sweller, 2003):

a) die intrinsische Belastung (engl.: Intrinsic Cognitive Load), welche aus der adressatenspezifischen Schwierigkeit des Lerninhalts und dem Komplexitätsgrad der dargebotenen Informationen resultiert;
b) die extrinsische oder lernirrelevante Belastung (engl.: Extraneous Cognitive Load), welche durch die Gestaltung der Lernumgebung induziert wird, jedoch zu keinem relevanten Lernzuwachs führt (bspw. durch Verarbeitung lernirrelevanter Informationen, welche das Lernmaterial enthält);
c) die lernrelevante Belastung (engl.: Germane Cognitive Load), welche sich auf die Beanspruchung des Arbeitsgedächtnisses bei der Aufnahme und Verarbeitung neuer Informationen bezieht.

Damit die beschränkten kognitiven Ressourcen für die Konstruktion und Integration neuen Wissens genutzt werden können, ist das übergeordnete Ziel des Instruktionsdesigns, die Lernsituation so zu gestalten, dass die lernirrelevante kognitive Belastung so weit wie möglich reduziert wird. Darauf aufbauend beschreibt Mayer (1999, 2003) in der Theorie des multimedialen Lernens (CTML; engl.: Cognitive Theory of Multimedia Learning) ein Modell, mit dem das Lernen aus multimedialen Informationsquellen erklärt werden kann. Nach der CTML werden Informationen, die über Augen und Ohren wahrgenommen werden, in zwei voneinander getrennten Sinneskanälen verarbeitet (engl.: Dual-Channel Assumption). Die einzelnen Kanäle sind wiederum selbst in ihrer Kapazität beschränkt (engl.: Limited Capacity Assumption). Des Weiteren geht die CTML davon aus, dass eine Konstruktion von Wissen nur dann zustande kommen kann, wenn Lernende aktiv lernrelevante Informationen selektieren, organisieren und integrieren, sich also aktiv mit dem Lerngegenstand auseinandersetzen. Basierend auf dieser Theorie wurden neun Prinzipien für die Gestaltung von multimedialen Lernumgebungen formuliert (Mayer, 2003). So sollten beispielsweise nach dem räumlichen Kontiguitätsprinzip korrespondierende Informationsquellen nicht räumlich und nach dem zeitlichen Kontiguitätsprinzip auch nicht zeitlich voneinander getrennt präsentiert werden. Durch eine Trennung werden mentale Suchprozesse induziert, welche die lernirrelevante Belastung erhöhen (auch Split-Attention-Effekt genannt). Bezüglich der Experimente zu Linsensystemen ist insbesondere die digitale Darstellung von Konstruktionsstrahlen und Modellvorstellungen hilfreich, um die kognitive Belastung zu reduzieren. Konstruktionsstrahlen sind in der realen Umgebung nicht direkt beobachtbar, sodass ohne digitale Unterstützung zusätzliche Informationsquellen zu deren Visualisierung nötig wären. Diese zusätzlichen Informationsquellen können wiederum Suchprozesse auslösen und so das Lernen behindern. In einer AR- oder VR-Lernumgebung können diese Informationen jedoch direkt in den Experimentaufbau integriert werden, wodurch Suchprozesse vermieden und die Verknüpfung von Experiment und Theorie unterstützt wird.

5.3   Bildentstehung bei der Abbildung an Linsen

Das Realexperiment zur Untersuchung der Abbildungen durch Sammellinsen, für das in diesem Kapitel verschiedene multimediale Ergänzungen vorgestellt werden, ist in Abb. 5.1 dargestellt.

Der klassische Aufbau des Experiments besteht aus einer optischen Bank, auf der eine Lampe mit F-förmiger Blende, eine Linse und ein Schirm angebracht sind. Die Linse kann in Abb. 5.1 wegen ihrer Halterung nicht direkt gesehen werden. Die F-förmige Blende an der Lampe formt ein hell leuchtendes „F", das Gegenstand genannt wird. Dieses „F" wird durch die Sammellinse abgebildet. Das sogenannte Bild des Gegenstands kann in der Regel auf der gegenüberliegenden Seite der Linse mithilfe eines Schirms scharf abgebildet werden. Dann ist das Bild des Gegenstands verglichen mit dem Gegenstand punktsymmetrisch zum Mittelpunkt der Linse. Dies ist durch die Lichtbrechung an der Sammellinse zu erklären. Die Höhe des „F" auf der Blende wird Gegenstandsgröße G genannt, der Abstand von Gegenstand und Linsenebene Gegenstandsweite g. Die Höhe des abgebildeten

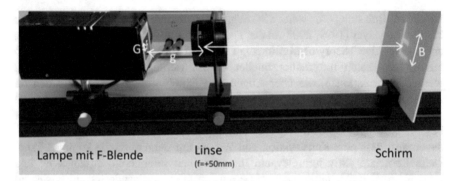

Abb. 5.1 Realexperiment zur Untersuchung der Abbildung durch Sammellinsen

„F" auf dem Schirm ist die Bildgröße *B,* der Abstand von der Linsenebene zum scharfen Bild heißt Bildweite *b.*

Durch Variation der Brennweite *f* der Linse, der Parameter *G* oder *g* oder durch ein teilweises Abdecken der Linse kann anhand dieses Experiments systematisch untersucht werden, wie sich die jeweilige Änderung auf *b* und *B* oder die Helligkeit und Schärfe des Bildes auf dem Schirm auswirkt.

Nähere Informationen zum Durchgang von Licht durch die Sammellinse bzw. Erklärungen dazu, wie genau die Linsenabbildung zustande kommt, sind für die Lernenden im Realexperiment weitestgehend nicht beobachtbar. Traditionell wurden zur Veranschaulichung häufig statische zweidimensionale Bilder (Versuchsskizzen) eingesetzt, die unter Verwendung der Modellvorstellung von Konstruktionsstrahlen das zugrunde liegende physikalische Konzept erklären. Diese Vorgehensweise erschwert jedoch beispielsweise durch den Split-Attention-Effekt die Integration der Modellvorstellung mit dem realen Experiment. Dies kann zu einer unnötigen Erhöhung der extrinsischen kognitiven Belastung der Lernenden beitragen.

Heutige Technologien erlauben jedoch auch eine Unterstützung des Konzeptaufbaus durch virtuelle Visualisierungen, die in den folgenden Abschnitten näher erläutert werden.

5.3.1 Simulation

Zahlreiche Studien zeigen, dass ein interaktives Simulationsexperiment als Ergänzung zum Realexperiment erfolgreich eingesetzt werden kann (de Jong et al., 2013; Wörner et al., 2022).

Abb. 5.2 zeigt einen Screenshot aus einer interaktiven Simulation, die als Ergänzung zum beschriebenen Realexperiment zur Untersuchung der Abbildung durch eine Sammellinse dienen kann. Das Simulationsexperiment besteht aus zwei Teilen: Oben in der Ansicht sind die Möglichkeiten zur Interaktion mit dem Experiment eingeblendet. Diese bestehen aus Checkboxen und Schiebereglern.

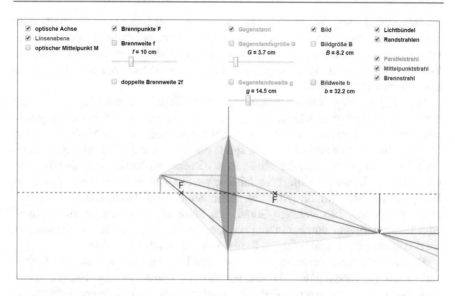

Abb. 5.2 Interaktives Simulationsexperiment zur Untersuchung der Abbildung durch Sammellinsen (s. z. B. https://www.golabz.eu/lab/converging-lens-sammellinse)

Mithilfe der Boxen können Elemente und deren Kennzeichnung ein- und ausgeblendet werden. Durch die Schieberegler können ausgewählte Größen im Experiment verändert werden. Unten in der Ansicht ist eine dynamische schematische Visualisierung des Experiments unter Berücksichtigung der aktuell eingestellten Parameter aus dem oberen Teil eingeblendet.

Das Simulationsexperiment kann als HTML-Dokument lokal auf Tablets oder Laptops gespeichert und mithilfe von Programmen wie Adobe Acrobat Reader oder verschiedenen Browsern geöffnet werden. Des Weiteren kann die Simulation auch ohne lokale Speicherung online abgerufen werden (Internetseiten: https://www.iwm-tuebingen.de/public/swoerner/sammellinse_simulation.html oder https://www.golabz.eu/lab/converging-lens-sammellinse).

Die Bedienung des Experiments funktioniert mithilfe des Touchscreens (Tablet) oder der Computermaus bzw. des Touchpads (Laptop). Die Interaktion mit dem Simulationsexperiment beschränkt sich auf das Anklicken der Checkboxen und das Bedienen der Schieberegler. Dieser Simulation liegt eine JavaScript-Datei zugrunde, welche in eine HTML-Datei eingebettet ist. Dadurch ist eine Antwort des Systems auf eine Interaktion des Nutzenden in Echtzeit gewährleistet.

Dieses Simulationsexperiment erweitert das Realexperiment insofern, als dass das abbildende Lichtbündel, dessen Randstrahlen und die drei konzeptuellen Konstruktionsstrahlen angezeigt werden können. Außerdem können innerhalb der Simulation die verschiedenen Größen *G, g, B, b,* die Brennweite *f* sowie die doppelte Brennweite 2 f sehr einfach eingeblendet werden. Das Simulationsexperiment visualisiert die Modellebene dynamisch und abstrakt und bietet den Lernenden damit die Möglichkeit, sich direkt ein entsprechendes mentales

Modell aufzubauen. Wichtig ist hierbei, dass die Lernenden beispielsweise mit entsprechender Anleitung auf einem Arbeitsblatt oder direkt von der Lehrkraft dabei unterstützt werden, die Bedeutung der Modellbestandteile (etwa die Konstruktionsstrahlen) zu entschlüsseln und die Verbindung der Simulation zum Realexperiment zu etablieren.

In Bezug auf Haptik und Authentizität ist das Simulationsexperiment nicht mit dem Realexperiment gleichauf, weshalb es sich anbietet, das Simulationsexperiment nur isoliert zu verwenden, wenn kein Realexperiment zur Verfügung steht. Idealerweise wird das Simulationsexperiment in Kombination mit dem Realexperiment eingesetzt. Lernende müssen in diesem Fall immer noch den Transfer von Realexperiment zu Simulation leisten, werden von der Simulation jedoch in Bezug auf die Modellbildung für das Phänomen der Abbildungen durch Sammellinsen unterstützt. Ein weiterer Grund, das Simulationsexperiment nicht isoliert vom Realexperiment durchzuführen, ist die Zweidimensionalität der Simulation, die den Beobachtungsraum für das Experiment erheblich einschränkt.

Das Simulationsexperiment bietet aufgrund seiner Einfachheit im Aufbau und in der Anwendung viele Potenziale für die Lernforschung. Beispielsweise kann der Experimentierprozess der Lernenden direkt mittels einer Bildschirmaufzeichnung einfach mitgeschnitten werden. Des Weiteren kann die Simulation ohne vertiefte Programmierkenntnisse individuell an unterschiedliche Forschungssituationen angepasst werden.

Durch die verbreitete Nutzung von Tablets und Laptops an Schulen bietet das Simulationsexperiment außerdem eine niederschwellige und nützliche Option zur technologiegestützten Erweiterung des Realexperiments direkt im Klassenraum. Die intuitive und einfache Bedienung erlaubt auch Lernenden ohne technische Vorkenntnisse schnell mit der Simulation zurechtzukommen.

5.3.2 AR-Experiment

Bei einem AR-Experiment handelt es sich um ein Realexperiment, das durch virtuelle MER ergänzt werden kann. Im Gegensatz zu den derzeit weitverbreiteten AR-Anwendungen für Smartphones und Tablets werden die hier vorgestellten Experimente mit sogenannten AR-Brillen durchgeführt, die unter die Begriffsbestimmung HMD (engl.: Head Mounted Display) fallen. So können Lernende mit dem Experiment arbeiten, ohne ein Mobilgerät zur Visualisierung der virtuellen MER vor das Realexperiment halten zu müssen. Zahlreiche Studien zeigen, dass AR-Experimente (Abb. 5.3, rechts) erfolgreich lernirrelevante kognitive Belastungen reduzieren und Konzeptlernen fördern können (z. B. Altmeyer et al., 2020; Thees et al., 2020). Für das Experiment zu Abbildungen durch Sammellinsen soll dieser Aspekt in zukünftigen Studien noch erforscht werden.

Der Experimentaufbau muss für die vorgestellte AR-Anwendung mit speziellen, visuellen Markern ergänzt werden, damit zusätzliche Hilfestellungen an dafür vorgesehenen Stellen angezeigt werden. Im beschriebenen Experiment wird die Hololens-AR-Brille von Microsoft verwendet (Abb. 5.3, links).

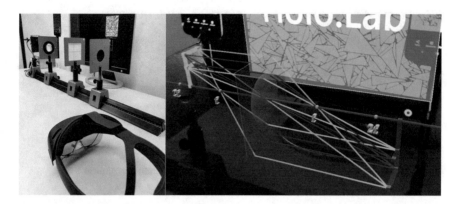

Abb. 5.3   AR-Experiment zur Untersuchung der Abbildungen durch Sammellinsen

Es handelt sich um ein kabelloses HMD, das auch über längere Zeiträume hinweg bequem getragen werden kann.

In dem AR-Experiment zur Abbildung mit Sammellinsen können die Lernenden an einer klassischen optischen Bank mit realen Experimentierbauteilen wie Lichtquelle, Gegenstand, Sammellinse und Schirm arbeiten. Das Experiment kann in gewohnter Weise durchgeführt werden. Durch Gestensteuerung oder Sprachbefehle ist es möglich, über ein Menü in der erweiterten Realität holographische Elemente im Sichtfeld der Versuchsperson als Ergänzung zum Realexperiment einzublenden. So können virtuelle MER unterschiedlicher Abstraktionsgrade wie optische Achse, Linsenebene oder Konstruktionsstrahlen im Realexperiment an den entsprechenden Stellen ergänzt werden. Außerdem erlaubt die Anwendung das Anzeigen verschiedener Konstruktionsstrahlen (Parallelstrahl, Brennpunktstrahl, Mittelpunktstrahl), die wahlweise von einzelnen oder mehreren Punkten des Gegenstandes ausgehen. Durch die räumliche und zeitliche Kontiguität der realen Komponenten des Versuchsaufbaus und der vom AR-System dargestellten Informationen sollen der Split-Attention-Effekt und somit die lernirrelevante kognitive Belastung reduziert und das Lernen gefördert werden (Thees et al., 2020).

Bei der AR-Anwendung besteht die Möglichkeit der Registrierung von Blickbewegungsmustern durch Eyetracking, um die visuelle Aufmerksamkeit der Lernenden während des Experimentierens zu untersuchen.

5.3.3   VR-Experiment

Eine weitere Möglichkeit, wie das Experiment in einer idealisierten Umgebung durchgeführt werden kann, bietet die virtuelle Realität. Die hier vorgestellte virtuelle Umgebung (Abb. 5.4, rechts) erfordert dabei kein reales Experiment und benötigt daher nur ein modernes VR-System und einen physischen Raum von etwa 25 m^2.

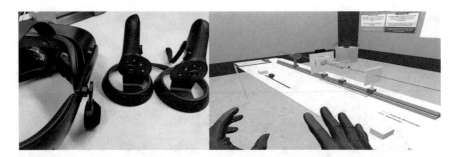

Abb. 5.4   VR-Experiment zur Untersuchung der Abbildung durch Sammellinsen

Für das Experiment notwendige Komponenten sind eine über ein Kabel mit dem Computer verbundene VR-Brille (ebenfalls ein HMD) und zwei drahtlose Hand-Controller (Abb. 5.4, links).

Bei der Anwendung handelt es sich um eine dreidimensionale Simulation des realen Experiments zur Untersuchung der Abbildung durch eine Sammel- linse. Die Lernenden können sich während des Experimentierens frei um den Experimentiertisch im virtuellen Raum bewegen. Bei längerem Experimentieren ist es ebenfalls möglich einen Tisch derselben Abmessung im realen Raum zu positionieren, sodass dieser in seiner Position exakt mit dem virtuellen Tisch übereinstimmt. Das macht das Experimentieren bequemer, unterstützt den Vestibularapparat der Lernenden und verhindert die Ermüdung der Arme, da sich die Lernenden beispielsweise mit ihren Ellenbogen oder Unterarmen darauf abstützen können. Bei begrenztem realen Raum kann die Bewegung durch die Festlegung von Bewegungsgrenzen, die in der virtuellen Realität eingeblendet sind, eingeschränkt werden. Experimentelle Handlungen werden mithilfe der Hand-Controller durchgeführt. Im virtuellen Raum sehen die Lernenden genau an der Stelle ein realistisches Bild von behandschuhten Händen, an der sich auch ihre realen Hände befinden würden. Über Tasten am Controller ist eine Interaktion der virtuellen Hand mit Komponenten des Aufbaus möglich. Die Instruktion der Lernenden sowie das Stellen von Lernaufgaben an die Lernenden erfolgen auditiv über eine Sprachausgabe. Alle Sprachanweisungen werden auch in Textform auf einem virtuellen Notizblock im VR-Raum bereitgestellt, der bei Bedarf virtuell gegriffen werden kann, um z. B. die Aufgabe noch einmal lesen oder überprüfen zu können. Die Lernenden können zudem verbal mit dem VR-System interagieren. Das experimentelle Vorgehen kann auch von außenstehenden Personen über einen Computermonitor beobachtet werden. Zu diesem Zweck wird eine virtuelle Kameraansicht auf dem Bildschirm angezeigt, die das Geschehen „durch die Augen" der Versuchsperson zeigt, einschließlich der Anzeige des Blickpunkts in Echtzeit. Dabei können Lernprozesse, die in der VR erfolgen, durch eine Lehrkraft verfolgt werden.

Das hier vorgestellte VR-Experiment ist eine Simulation, die das Experi- ment zu Abbildungen durch Sammellinsen in einer möglichst realistischen Form umsetzt. So kann das Experiment an jedem beliebigen Ort mit einem VR-System durchgeführt werden, unabhängig davon, ob der Experimentieraufbau vorhanden ist. Zudem erlaubt das VR-System die Reduktion des Versuchsaufbaus auf wesentliche Bestandteile. Unwichtige Elemente des Realexperiments wie beispielsweise die Spannungsquelle für die Lampe und die zugehörigen Kabel, die die Aufmerksamkeit der Lernenden ablenken könnten, können somit in der VR ausgeblendet werden. Damit kann eine Fokussierung der Aufmerksamkeit auf die zentralen Faktoren des Experiments erreicht werden.

Zusätzlich können erläuternde Elemente, wie beispielsweise Konstruktionsstrahlen, die in der realen Umgebung nicht beobachtbar sind, in der dreidimensionalen VR auch dreidimensional im Sichtfeld der Lernenden dargestellt werden. Eine nahe Positionierung sinnhaft zusammenhängender Elemente (Spatial Contiguity) sowie eine zeitlich aufeinander abgestimmte Präsentation (Temporal Contiguity) können dabei zu einer Reduzierung des Cognitive Load führen und somit den Lernprozess fördern. Dies unterstützt die Lernenden beim Aufbau eines mentalen Modells. In der vorgestellten Anwendung werden Konstruktionsstrahlen (Parallelstrahl, Brennpunktstrahl, Mittelpunktstrahl) eingeblendet, mit denen die Konstruktion einer Abbildung wahlweise für einzelne oder mehrere Gegenstandspunkte verdeutlicht werden kann. Um das Verständnis von Formeln und Gleichungen zu erleichtern, werden ihre Parameter optional an den entsprechenden Stellen im Experimentalaufbau angezeigt.

Das hier beschriebene VR-System (HP Reverb 2 Omnicept Edition) nutzt Eyetracking-Funktionen sowie zusätzliche Sensoren zur prozessbezogenen Erfassung des physiologischen und emotionalen Zustands der Lernenden. Auf diese Weise können die Auswirkungen des technologischen Settings des Experiments und die kognitive Belastung während des Experimentierprozesses analysiert werden (Siegel et al., 2021). Die Ergebnisse solcher Untersuchungen ermöglichen wiederum Anpassungen bei der Planung von Experimenten und die optimale Gestaltung von späteren VR-Lernsystemen.

5.4   Zusammenfassung und Diskussion

Der vorliegende Praxisbericht beleuchtet das Themengebiet der Bildentstehung bei der Abbildung an Sammellinsen aus der Perspektive verschiedener multimedialer Lernumgebungen entlang des virtuellen Kontinuums. Beginnend mit Simulationen über Anwendungen in der erweiterten Realität bis hin zu Lernumgebungen in der virtuellen Realität schildert der Artikel, wie Elemente des Realexperiments mit Modellvorstellungen zu Konstruktionsstrahlen kombiniert werden können.

Basierend auf dem Rahmenmodell zum Lernen mit multiplen Repräsentationen, der Cognitive Load Theory sowie der Cognitive Theory of Multimedia Learning wird die Integration von Informationen aus unterschiedlichen multimedialen Informationsquellen beschrieben. Lernende integrieren bei der Simulation verschiedene Informationen aus MER, welche sie mit nur einer Repräsentation nicht erhalten können. Dabei zeigen (Review-)Studien (de Jong et al., 2013; Wörner et al., 2022), dass eine Kombination von Simulation und Realexperiment das Lernen mehr fördert als Simulation oder Realexperiment alleine. Beim AR-Experiment können virtuelle MER zum Realexperiment ergänzt sowie durch räumliche und zeitliche Kontiguität der MER eine Reduktion der lernirrelevanten kognitiven Belastung hergestellt werden. Dies kann letztlich die Verknüpfung der Modellvorstellung mit dem konkreten Experiment erleichtern. Eine ähnliche Integration verschiedener Informationen aus MER erfolgt bei dem analogen VR-Experiment zur Abbildung durch Sammellinsen. Dabei können die verwendeten virtuellen MER nicht nur symbolhaft wie in der Simulation, sondern auch realitätsnah und dreidimensional präsentiert werden. Noch offene Fragestellungen in diesem Zusammenhang sind, in welchem Abstraktionsgrad, in welcher Abfolge und mit welchen Interaktionsmöglichkeiten MER für eine optimale Lernwirksamkeit in VR zu gestalten sind. Weiterhin sollte zukünftig geprüft werden, ob durch Einblendungen oder andere Hilfestellungen in der VR eine Integration der MER unterstützt werden kann.

5.5 Förderung

Das Vorhaben wird im Rahmen von „U.EDU: Unified Education – Medienbildung entlang der Lehrerbildungskette" (Förderkennzeichen: 01JA1916) im Rahmen der gemeinsamen „Qualitätsoffensive Lehrerbildung" von Bund und Ländern aus Mitteln des Bundesministeriums für Bildung und Forschung gefördert.

Das Projekt entstand im Zusammenhang mit dem von der Joachim Herz Stiftung geförderten Projekt „Orchestrierung realer und virtueller Experimente".

Literatur

Ainsworth, S. (2006). DeFT: A conceptual framework for considering learning with multiple representations. *Learning and Instruction, 16*(3), 183–198. https://doi.org/10.1016/j.learninstruc.2006.03.001.

Ainsworth, S. (2008). The educational value of multiple-representations when learning complex scientific concepts. In J. K. Gilbert, M. Reiner & M. Nakhleh (Hrsg.), *Visualization: Theory and practice in science education* (S. 191–208). Dordrecht: Springer, Netherlands. doi:https://doi.org/10.1007/978-1-4020-5267-5_9.

Altmeyer, K., Kapp, S., Thees, M., Malone, S., Kuhn, J., & Brünken, R. (2020). Augmented reality to foster conceptual knowledge acquisition in STEM laboratory courses – Theoretical derivations and empirical findings. *British Journal of Educational Technology, 51*(3), 611–628. https://doi.org/10.1111/bjet.12900.

de Jong, T., Linn, M. C., & Zacharia, Z. C. (2013). Physical and virtual laboratories in science and engineering education. *Science, 340,* 305–308. https://doi.org/10.1126/science.1230579

diSessa, A. A. (2004). Metarepresentation: Native competence and targets for instruction. *Cognition and Instruction, 22*(3), 293–331. https://doi.org/10.1207/s1532690xci2203_2.

Kircher, E., Girwidz, R., & Häußler, P. (2010). Modellbegriff und Modellbildung in der Physikdidaktik. In E. Kircher, R. Girwidz, & P. Häußler (Hrsg.), *Physikdidaktik: Theorie und Praxis* (S. 735–762). Springer.

Mayer, R. E. (1999). Multimedia aids to problem-solving transfer. *International Journal of Educational Research, 31*, 611–624. https://doi.org/10.1016/S0883-0355(99)00027-0.

Mayer, R. E. (2003). The promise of multimedia learning: Using the same instructional design methods across different media. *Learning and Instruction, 13*(2), 125–139. https://doi.org/10.1016/S0959-4752(02)00016-6Mayer,R.E.,&Moreno,R.(2003).Ninewaystoreduc ecognitiveloadinmultimedialearning.EducationalPsychologist,38(1),43-52.doi:10.1207/ S15326985EP3801_6.

Siegel, E.H., Wei, J., Gomes, A., Oliviera, M., Sundaramoorthy, P., Smathers, K., Vankipuram, M., Ghosh, S., Horii, H., Bailenson, J., & Ballagas, R. (2021). HP Omnicept Cognitive Load Database (HPO-CLD) – Developing a Multimodal Inference Engine for Detecting Real-time Mental Workload in VR. *Technical Report*, HP Labs, Palo Alto, CA. https://developers. hp.com/omnicept/omnicept-open-data-set-abstract. Zugegriffen: 1. Juni 2022.

Sweller, J. (1988). Cognitive load during problem solving: Effects on learning. *Cognitive Science, 12*, 257–285. https://doi.org/10.1207/s15516709cog1202_4.

Sweller, J. (2003). Evolution of human cognitive architecture. *Psychology of Learning and Motivation, 43*, 216–266.

Sweller, J. (2010). Element interactivity and intrinsic, extraneous, and Germane cognitive load. *Educational Psychology Review, 22*, 123–138. https://doi.org/10.1007/s10648-010-9128-5.

Sweller, J., van Merriënboer, J. J. G., & Paas, F. (1998). Cognitive architecture and instructional design. *Educational Psychology Review, 10*, 251–296. https://doi.org/10.1023/A:1022193728205.

Teichrew, A., & Erb, R. (2020). How augmented reality enhances typical classroom experiments: Examples from mechanics, electricity and optics. *Physics Education, 55*(6), Artikel 065029. doi:https://doi.org/10.1088/1361-6552/abb5b9.

Thees, M., Kapp, S., Strzys, M. P., Beil, F., Lukowicz, P., & Kuhn, J. (2020). Effects of augmented reality on learning and cognitive load in university physics laboratory courses. *Computers in Human Behavior., 108*, 106316. https://doi.org/10.1016/j.chb.2020.106316.

Tytler, R., Prain, V., Hubber, P., & Waldrip, B. (2013). *Constructing representations to learn in science*. Sense Publishers. https://doi.org/10.1007/978-94-6209-203-7.

van Merriënboer, J. J. G., & Sweller, J. (2005). Cognitive load theory and complex learning: Recent developments and future directions. *Educational Psychology Review, 17*(2), 147–177. https://doi.org/10.1007/s10648-005-3951-0.

Wörner, S., Kuhn, J., & Scheiter, K. (2022). The best of two worlds: A systematic review on combining real and virtual experiments in science education. *Review of Educational Research*. https://doi.org/10.3102/00346543221079417.

Wu, H.-K., & Puntambekar, S. (2012). Pedagogical affordances of multiple external representations in scientific processes. *Journal of Science Education and Technology, 21*(6), 754–767. https://doi.org/10.1007/s10956-011-9363-7.

Augmented Reality in Schülerversuchen – Entwicklung und Evaluierung der Applikation PUMA: Magnetlabor

6

Hagen Schwanke und Thomas Trefzger

Inhaltsverzeichnis

6.1 Augmented Reality im schulischen Kontext

In der Theorie stellen sich zunächst folgende Fragen: Warum eignen sich Experimente für eine Erweiterung der Realität? Zu welcher Phase des Experimentierens können die **A**ugmented-**R**eality-**(AR-)**Applikationen eingesetzt werden? Wie können diese dabei unterstützend wirken und welcher Mehrwert von AR gilt für den naturwissenschaftlichen Unterricht?

Im Rahmen der geforderten prozessbezogenen Kompetenzen, z. B. im LehrplanPLUS in Bayern, basiert die physikalische Erkenntnisgewinnung auf dem

H. Schwanke (✉) · T. Trefzger
Lehrstuhl für Physik und ihre Didaktik, Universität Würzburg, Würzburg, Deutschland
E-Mail: hagen.schwanke@physik.uni-wuerzburg.de

T. Trefzger
E-Mail: thomas.trefzger@uni-wuerzburg.de

© Der/die Autor(en) 2023
J. Roth et al. (Hrsg.), *Die Zukunft des MINT-Lernens – Band 2*,
https://doi.org/10.1007/978-3-662-66133-8_6

Zusammenwirken experimenteller und theoretischer Arbeitsweisen (Staatsinstitut für Schulqualität & Bildungsforschung, 2020). Das Erkennen dieses Zusammenwirkens trägt somit zu einer fundierten naturwissenschaftlichen Bildung bei und hilft, komplexe alltägliche Zusammenhänge auf die wesentlichen Dinge zu reduzieren. Diese Vorgehensweise wenden Physikerinnen und Physiker ebenfalls bei der Planung, Durchführung und Auswertung von Experimenten an. Experimente stellen nach wie vor eine der zentralen Erkenntnisquellen der naturwissenschaftlichen Forschung dar. Damit spielen Experimente auch eine zentrale Rolle im Unterrichtsgeschehen, da sie nicht nur fachliche Inhalte vermitteln oder bestätigen, sondern die Schülerinnen und Schüler auch motivieren sollen (Kircher et al., 2015; Körner & Erb, 2013; Lindlahr, 2014; Oliver et al., 2021; Alfieri et al., 2011).

Zum einen liefern theoretische physikalische Modelle, wie z. B. das Modell der Magnetfeldlinien, eine entscheidende Hilfestellung für die erfolgreiche Durchführung, die anschließende Auswertung und den damit einhergehenden Ausbau von Fachwissen. Zum anderen fördern diese Modelle das Verständnis der ablaufenden Prozesse innerhalb eines Experiments (Teichrew & Erb, 2018; Pedaste et al., 2012). Werden diese Modelle bzw. das Modellverhalten direkt aus dem Experiment erfahren, so können die Lernenden ihre Konzepte mit der Realität in Einklang bringen und ein passendes mentales Modell erzeugen. Dieses verwenden die Lernenden dann, um weitere Schlussfolgerungen ziehen zu können (Kircher et al., 2020). Somit wäre eine Visualisierung der Modelle direkt am Experiment wünschenswert.

Immersive Visualisierungen, die reale Objekte mit theoretischen Modellen ergänzen, können durch digitale Werkzeuge erzeugt werden. Dafür stehen im *Reality Virtuality Continuum* eine Vielzahl von Technologien zur Verfügung (Milgram et al. 1995; Teichrew & Erb, 2020). In diesem Vorhaben nutzen wir die erweiterte Realität (engl. Augmented Reality, *AR*), die in einem realen Raum mit realen oder virtuellen Objekten agiert, um damit reale oder virtuelle Inhalte zu vermitteln.

Augmented Reality
Unter Augmented Reality versteht man üblicherweise Applikationen, die Visualisierungen in eine real vorhandene Räumlichkeit projizieren. Zum Beispiel können durch die Vermessung einer realen Umgebung durch eine Kamera virtuelle Objekte auf einem Display über dieses Realbild verortet und projiziert und dieses dadurch „angereichert" werden (Milgram et al., 1995).

Mit AR ist es möglich, reale Strukturen durch virtuelle Objekte und Inhalte zu erweitern, welche nötig sind, um den fachlichen Vorgang zu verstehen. Dabei ist es wichtig zu erwähnen, dass AR nur eine Unterstützung liefert und die realen Strukturen nicht ersetzt werden sollen (Bacca et al., 2014). Dieses Vorgehen wird bereits in Industrie, Medizin, Forschung und Entwicklung sowie in Spielen genutzt, kann jedoch auch durch die Verbindung von Lernen (engl. *Education*) und Unterhaltung (engl. *Entertainment*) in dem sogenannten Edutainment eingesetzt werden. Das Wissen, das interaktiv vermittelt wird, und das Arbeiten mit neuen Medien können dabei eine Begeisterung auslösen (Dey et al., 2018). Im Gegensatz zu Computersimulationen haben Ibáñez et al. (2014) zudem einen allgemein positiven Effekt durch die Verbindung von realen und virtuellen Objekten bzw. Inhalten direkt am Experiment auf Lernende festgestellt. Diesen positiven Effekt beobachtete Matsutomo et al. (2012) bereits in früheren Publikationen und erklärte dies durch die nicht notwendige Transferleistung von der Computersimulation zur realen Welt und die damit weniger auftretenden Verständnisprobleme. Beispielsweise können Lernende in augmentierten Lehrbüchern weiterführende Erklärungen oder Hinweise erhalten, die über den eigentlichen Inhalt hinausgehen (Mehler-Bicher et al., 2011). In einer von Billinghurst et al. (2015) durchgeführten Studie konnte gezeigt werden, dass Lernende, die das Thema Elektromagnetismus mit einem augmentierten Lehrbuch erarbeiteten, selbst im Follow-up-Test (vier Wochen später) eine signifikant höhere Anzahl korrekt beantworteter Fragen hatten als Lernende, die dieselben Inhalte auf gedruckten Texten erhielten (Billinghurst & Duenser, 2012).

Für die Gestaltung einer Lernumgebung ist also darauf zu achten, dass die lernirrelevante kognitive Belastung zu reduzieren ist. Um dies zu erreichen, ist u. a. das Kontiguitätsprinzip wichtig (Mayer, 2014). Dieses Prinzip steht für eine „benachbarte" (aus dem lateinischen: "contiguus") Darstellung verschiedener zusammengehöriger Objekte. Beispielsweise sollte die Beschriftung in einem Bild direkt an den entsprechenden Teilen stehen und nicht separiert in einer Legende unter dem Bild. Diese Art der Beschriftung bezieht sich auf den Aspekt der räumlichen Kontiguität. Zusätzlich gibt es noch den Aspekt der zeitlichen Kontiguität (Ayres & Sweller, 2014), welche besagt, dass verschiedene Informationen zeitgleich dargestellt werden sollten und nicht zeitlich verschoben. Für eine AR-Applikation heißt das, dass Aktionen des Nutzers eine Antwort des Systems in Echtzeit zur Folge haben sollten. In den entwickelten AR-Applikationen werden sowohl die räumliche Kontiguität durch Anordnung der theoretischen physikalischen Modelle direkt am Experiment als auch die zeitliche Kontiguität beachtet. Die zeitliche Kontiguität wird dabei gegeben, dass die Darstellung der theoretischen physikalischen Modelle permanent an dem Objekt des Experiments haften, auch dann, wenn der Nutzende dieses Objekt im Raum frei bewegt. Beispielsweise wird in dieser Applikation das theoretische Modell der magnetischen Feldlinien eines Stabmagneten permanent auf den Stabmagneten projiziert, während der Nutzer diesen frei durch den Raum bewegen und sich diesen aus unterschiedlichen Perspektiven anschauen kann.

Die angesprochenen positiven Effekte von AR beziehen sich dabei hauptsächlich auf fachliche Inhalte. Durch die Arbeit mit nur einem Tablet innerhalb einer Gruppe und eine entsprechende Aufgabenstellung können die Schülerinnen und Schüler zu einer Zusammenarbeit aufgefordert werden, welche den Abbau sozialer Hemmnisse unterstützt und die Neugierde sowie den Spaß am Lernen steigern kann (Mehler-Bicher et al., 2011). Durch die Kommunikation über die digitalen

Inhalte, die durch AR dargestellt werden, wird zusätzlich die Modellbildung gefördert. Somit kann AR einen positiven Effekt auf die Lernleistung, die Lernmotivation und das Engagement der Lernenden haben (Bacca et al., 2014).

6.2 Entwicklung von AR-Applikationen

AR bietet eine gewinnbringende Möglichkeit, ausgewählte Inhalte für den Schulunterricht zu erweitern.

In diesem Abschnitt werden die notwendigen Schritte für die Erstellung einer AR-Applikation am Beispiel der Rahmenapplikation *PUMA: Magnetlabor* vorgestellt. In der hier vorgestellten Studie werden zwei entwickelte und anschließend evaluierte Teilapplikationen der Rahmenapplikation vorgestellt. Die Rahmenapplikation für den **P**hysik**U**nterricht **M**it **A**ugmentierung (*PUMA*) beinhaltet sechs verschiedene Teilapplikationen zum Thema Magnetismus. Bei den beiden evaluierten Teilapplikationen handelt es sich um die Teilapplikationen *Magnetfeldlinien* und *Versuch von Oersted*.

6.2.1 Einordnung und Beschreibung der Studie als Design-based-Research-Projekt

Der Prozess der Entwicklung einer AR-Applikation kann als Kreisprozess gesehen werden (Abb. 6.1). Zu Beginn steht die Auswahl eines passenden Versuchs. Bei dieser Auswahl muss bereits an die technische Umsetzung gedacht werden, da z. B. schnell ablaufende Prozesse für eine Augmentierung schwer umsetzbar sind. Nach der Auswahl des Versuchs wird die Applikation erstellt und programmiert.

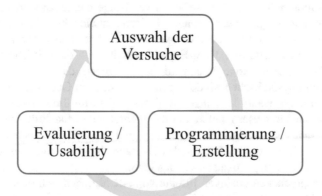

Abb. 6.1 Durchlaufene Prozesse bei der Entwicklung und Evaluierung der Applikation

Anschließend sollte die entwickelte Applikation einer Gebrauchstauglichkeitsstudie unterzogen werden. Das Vorgehen für solch eine Evaluation wird in Abschn. 6.3 beschrieben.

Für die Entwicklung AR-bezogener Unterrichtsmittel bietet sich das deAR-Modell an, wobei *deAR* für **d**idaktisch **e**ingebettete **A**ugmented **R**eality steht. Dieses Modell zur Planung einer AR-Applikation von Seibert et al. (2020) differenziert dabei die „Auswahl" des passenden Versuchs genauer (Abb. 6.2). So wird die „Auswahl" in die zwei Schritte der pädagogischen Überlegungen (Ebene 1) und der fachlichen, fach- und mediendidaktischen Überlegungen (Ebene 2) unterteilt. In Ebene 1 wird von den pädagogischen Zielen und Leitlinien ausgegangen, die durch verschiedene fachliche, fachdidaktische und mediendidaktische Aspekte mit dem naturwissenschaftlichen Unterricht in Einklang gebracht werden sollen. Darauf folgt die Ebene der technischen Überlegungen, in der Grenzen und Möglichkeiten für AR-erweiterte naturwissenschaftliche Lehr-Lern-Einheiten abgewogen werden (Ebene 3).

Die vierte Ebene ist die Erprobung dieser AR-Einheit in einer Realsituation (Ebene 4). Unter ständiger Reflexion und Evaluation in den verschiedenen Phasen ist hier noch einmal die ständige Weiterentwicklung einer AR-Applikation berücksichtigt (Seibert et al., 2020).

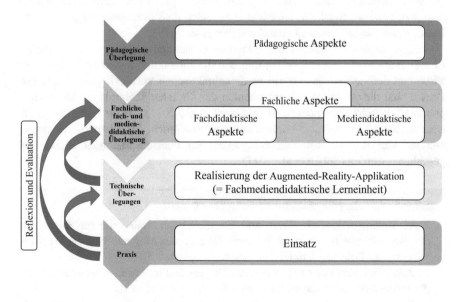

Abb. 6.2 Das deAR-Modell nach (Seibert et al., 2020)

6.2.2 Fachliche, fach- und mediendidaktische Vorüberlegungen

Für die Auswahl der fachlichen Inhalte orientiert sich dieses Projekt u. a. am LehrplanPLUS aus Bayern. Durch die Forderung nach einer Förderung der experimentellen Kompetenz sollen die Lernenden regelmäßig Experimente selbstständig durchführen (Staatsinstitut für Schulqualität & Bildungsforschung, 2020). In der 10. Klasse bieten sich deshalb einige Experimente für eine Augmentierung im Themenbereich Magnetismus an. Damit jede Schülerin und jeder Schüler den Versuch eigenständig durchführen kann, beschränkt sich die Auswahl der Experimente zusätzlich auf einen vorstrukturierten Experimentiersatz einer Lehrmittelfirma, die an deutschen Gymnasien häufig vertreten ist. Bei der Auswahl der entsprechenden Experimente wird, wie schon erwähnt, direkt die technische Umsetzung mitberücksichtigt.

Bei den fachdidaktischen Vorüberlegungen für das Themengebiet Magnetismus wird auf die häufigsten Schülervorstellungen eingegangen. So wird darauf geachtet, dass die Eigenschaften der Feldliniendarstellung korrekt veranschaulicht werden. Hier sind die Orientierung, die Richtung und die Dichte der Feldlinien in Bezug zur Orientierung und Stärke des magnetischen Feldes entscheidend (Erfmann, 2017). Ebenfalls wurden die Feldlinienmodelle eines Stabmagneten, Hufeisenmagneten, einer stromdurchflossenen Spule bzw. eines stromdurchflossenen Leiters dargestellt. Hier wurde beachtet, dass nur bewegte Ladungen als Quelle eines Magnetfeldes dienen (Schecker et al. 2018).

Welche realen physikalischen Objekte vorhanden sind, welche virtuellen Elemente angezeigt werden sollen und wie die Interaktion zwischen Realität und Virtualität definiert ist, gehört zur mediendidaktischen Vorüberlegung. Diese drei Punkte sind die wichtigsten Komponenten der digitalen Technologie AR, welche unbedingt geklärt sein müssen (Billinghurst et al., 2015). Hinzu kommen grundlegende mediendidaktische Vorüberlegungen bezüglich des Instruktionsdesigns, wie sie von Kerres, Rey und Niegemann im deutschsprachigen Raum vorgeschlagen werden (Söbke et al., 2017).

Beispielvisualisierung von *Magnetfeldlinien*

Zwei Stabmagneten, ein Tisch und Eisenfeilspäne stellen die realen Objekte dar. Als virtuelle Inhalte sind das typische Feld der Magnete und die Wechselwirkung der Pole auf dem Display angezeigt (Abb. 6.3).

Zusätzlich sind der Aufbau und das Display frei im Raum bewegbar, was für die Interaktion zwischen realem und virtuellem Objekt steht.

Bei der Darstellung des Feldes wurde auf die fachlichen und fachdidaktischen Vorüberlegungen eingegangen und zusätzlich eine 3D-Ansicht des Feldes implementiert. Dieses Feld kann im Raum aus allen Perspektiven untersucht werden und stellt einen entscheidenden Vorteil gegenüber einem „2D-Tisch" dar. ◄

6.2.3   Technische Umsetzung

Um die digitale Technologie AR näher zu beschreiben, wird in diesem Abschnitt auf das System AR und die dazu benötigte Soft- und Hardware eingegangen.

Digitale Technologien
Digitale Technologien werden als Sammelbezeichnung für technische Geräte (Hardware), die darauf befindlichen digitalen Inhalte (Software) sowie für Kombinationen aus beiden verwendet (Roth et al. (Beitrag 1 in Band 1)).

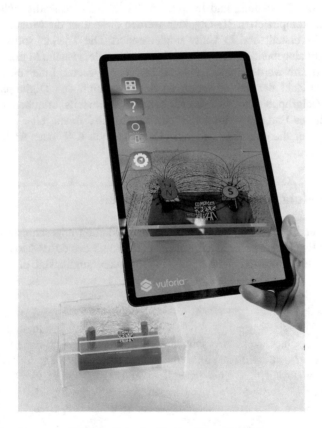

Abb. 6.3   Erweiterung der Realität mit der Applikation Magnetfeldlinien

Das System AR besteht aus drei verschiedenen Komponenten. Darunter fallen die Darstellung, die Interaktion und das Tracking (Tönnis, 2010). Die Komponente Darstellung setzt dabei die Kombination von virtuellen und realen Objekten mit einer teilweisen Überlagerung in Beziehung (Mehler-Bicher et al., 2011). Der Bereich Interaktion verknüpft die Eingabe eines Nutzers und die Ausgabe des Systems in Echtzeit. Damit das System die Eingabe des Benutzers erkennt, wird für das vorliegende System eine Marker-basierte Eingabe genutzt. Dabei können die Marker wie ein Knopf fungieren oder durch die Benutzung mehrerer Marker und der relativen Position zwischen diesen dazu genutzt werden, ein Ereignis auszulösen (Tönnis, 2010).

Für die Entwicklung der Applikation werden in diesem Projekt verschiedene Programme genutzt. Die Entwicklungsumgebung *Unity* bildet dabei die Grundlage und ist für die Darstellung und Interaktion des Systems zuständig. Für eine Darstellung von komplizierten 3D-Objekten werden diese über die Modellierungssoftware *Blender* erstellt und in Unity implementiert. Die Trackingsoftware *Vuforia* wird in Unity eingebunden, um virtuelle Inhalte an reale, visuelle Marker zu heften.

Als Hardware werden handelsübliche Tablets eingesetzt. Einerseits sichert die zunehmende Zahl der Tabletklassen an Schulen durch den Digitalpakt Schule, dass die Zielgruppe erreicht werden kann. Andererseits erlauben die großen Displays dieses Endgeräts, im Gegensatz zu Mobiltelefonen, eine übersichtliche Darstellung der theoretischen Modelle. Dabei können iOS- oder Android-Geräte genutzt werden.

6.3   Evaluierung von AR-Applikationen

Nachdem der Entwicklungsprozess der AR-Applikation abgeschlossen ist, sollte diese einer Evaluation unterzogen werden (s. Ebene 3 des deAR-Modells). Als zu untersuchendes Konstrukt wird dafür die Gebrauchstauglichkeit der Applikation gewählt.

Usability-Evaluation
Bewertung von Systemen hinsichtlich ihrer Gebrauchstauglichkeit. Es wird unterschieden in formative und summative Usability-Evaluation: Die *formative Usability-Evaluation* erfolgt prozessbegleitend (z. B. das Testen von Prototypen) und dient der Verbesserung der Entwicklung. Die *summative Usability-Evaluation* bezeichnet eine finale Evaluation am Ende und soll die gesamte Entwicklung bewerten (Sarodnick & Brau, 2016).

Für diese Evaluierung kommen grundsätzlich quantitative wie qualitative Erhebungsformen infrage. So ist es denkbar, den quantitativen System Usability Score (kurz: **SUS**) von Brooke (1996) zu nutzen. Dieser bietet mit 10 Items die Möglichkeit einer schnellen Einschätzung der Usability. Maximal kann dabei ein

Score von 100 Punkten erreicht werden. Der Nachteil von quantitativen Tests dieser Art ist jedoch die fehlende Begründung der Entscheidung. So sehen sowohl Kuckartz et al. (2008) als auch Döring und Bortz (2016) einen zusätzlichen Mehrwert in qualitativen Interviews nach einem standardisierten quantitativen Test, da durch die Interviews die Aussagen in Relation zueinander gesetzt werden können. In qualitativen Interviews können Rückmeldungen bzgl. auftretender Probleme gesammelt und in die weitere Entwicklung der Applikation eingebunden werden. Um die positiven Eigenschaften von AR gewährleisten zu können, wird auf die besondere Bedeutung der Usability im nächsten Abschnitt eingegangen (Bacca et al., 2014).

6.3.1 Usability

In der Studie von Karapanos et al. erscheint die Usability als bedeutsames Interaktionsmerkmal für das Lernen mit digitalen Medien. Es zeigte sich sogar eine mittlere Korrelation zwischen System-Usability und dem Interesse der Schüler an Lernaufgaben (Karapanos et al., 2018).

> **Usability**
> Usability ist nach der DIN EN ISO 9241 das Ausmaß, in dem ein technisches System durch bestimmte Benutzerinnen und Benutzer in einem bestimmten Nutzungskontext verwendet werden kann, um bestimmte Ziele effektiv, effizient und zufriedenstellend zu erreichen (Sarodnick & Brau, 2016).

Um festzustellen, ob ein bestimmtes Ziel effektiv und effizient erreicht worden ist, müsste man einen Vergleich zu einer Kontrollgruppe z. B. bezüglich der Qualität der gelösten Aufgabe und der dafür benötigten Zeit ziehen. Dies konnte bei der hier vorgestellten Studie aus Zeitgründen nicht realisiert werden. Stattdessen ging es hier um die Komponente der Nutzerzufriedenheit. Diese fokussiert eher subjektive Kriterien und wird in der Norm als die Freiheit von Beeinträchtigungen und als eine allgemein positive Einstellung gegenüber der Systemnutzung definiert (Sarodnick & Brau, 2016).

Durch diese subjektive Komponente kann auch der Nutzende einen Einfluss auf die Usability haben. Wenn diese ein Problem bei der Verwendung der Applikation erfahren, generalisieren manche Probandinnen und Probanden dieses auf die ganze Applikation. Dementsprechend negativ fällt dann die qualitative Bewertung aus. Daher wurde die interaktionsbezogene Technikaffinität (engl. **ATI: A**ffinity for **T**echnology **I**nteraction) der Benutzenden mit erhoben, um die Aussagen zu relativieren.

Die explorative Studie wurde mit einer Stichprobe von $n = 10$ durchgeführt, welche nicht spezifisch ausgewählt worden sind. Dabei handelte es sich meist um Studierende des Lehramts Physik, aber auch der Mathematik, der philosophischen Fakultät oder der juristischen Fakultät im Alter von 20–34 Jahren. Die Durchführung der Erhebung erfolgte pro Testenden in einem Zeitfenster von 45 min und beinhaltete vier verschiedene Abschnitte.

Zu Beginn der Datenerhebung erhielten die Testenden einen Fragebogen zu ihrer Person und den Test mit den neun Items für die interaktionsbezogene Technikaffinität von Franke et al. (2019). Anschließend wurde den Testenden ein kurzes Video gezeigt, das den realen Ablauf des Versuchs darstellte. Neben einer kurzen fachlichen Erklärung sollten die Testenden somit bei ihrem Wissensstand abgeholt und der Fokus auf die bevorstehende Bearbeitung der Aufgabe gelegt werden. Diese Einführung umfasste ungefähr acht Minuten.

In der folgenden 15-minütigen Arbeitsphase machten sich die Testenden mit der AR-Applikation vertraut und bearbeiteten eine Station mit den dafür entwickelten Aufgaben und der entsprechenden Teilapplikation.

Nach der Arbeitsphase füllten die Testenden (max. fünf Minuten) den Fragebogen des quantitativen System-Usability-Scores aus. Dieser erzeugte mit den 10 Items eine Tendenz der Benutzerfreundlichkeit und konnte dann mit dem Ergebnis der qualitativen Erhebung ins Verhältnis gesetzt werden.

Abschließend wurde das Interview mit 19 Fragen durchgeführt. Durch die persönliche Befragung konnte individuell auf die Probleme der Testenden eingegangen und Aspekte aufgegriffen werden, die durch den Kurztest nicht erfasst werden konnten. Dafür wurden ca. 20 min eingeplant.

Als Orientierung für die qualitative Erhebung dienten die sieben Schritte, die Kuckartz et al. (2008) für ein qualitatives Interview angeben. Die Konzeption des Interviewleitfadens orientierte sich am qualitativen Usability-Konzept von Nestler et al. (2011). In diesem Konzept standen 259 Fragen aus fünf Hauptkategorien mit 21 Nebenkategorien zur Verfügung. Die fünf Hauptkategorien sind wie folgt gekennzeichnet: U – Nutzen; M – Einprägsamkeit; J – Intuitivität; L – Erlernbarkeit; P – Einstellung. Die große Anzahl der Fragen wurde bereits durch Rudolph (2011) auf 83 Fragen minimiert, z. B. wurden dabei Fragen zusammengefasst, welche durch eine positive und negative Fragestellung gestellt wurden. Da diese 83 Fragen sich um Browseranwendungen drehten, wurden 12 zusätzliche Fragen aus dem Originalkonzept aufgenommen und die resultierenden 95 Fragen für ein Expertenrating zusammengestellt. Anhand dieses Expertenratings ($n = 8$) wurden die 95 Fragen in Bezug auf ihre Bedeutsamkeit bewertet und schließlich auf insgesamt 19 Leitfragen in 12 Kategorien reduziert. Für die ausformulierten Leitfragen sei hier auf Schwanke und Trefzger (2021) verwiesen.

Die Datenerhebung war nach dem Interview abgeschlossen. Die aufgenommenen Interviews wurden transkribiert und mittels eines Kodierleitfadens die Bewertung der Aussagen vorgenommen. Der Kodierleitfaden kann bei Schwanke (2021) nachgelesen werden. Anschließend wurde, wie von Nestler et al. (2011) beschrieben, der Usability Score berechnet. In diesem Score kann eine maximale Punktzahl von 100 erreicht werden.

Tab. 6.1 Ergebnisse des qualitativen Usability-Konzepts in Punkten

	Gesamt	U – Nutzen	M – Ein-prägsamkeit	J – Intuitivität	L – Erlern-barkeit	P – Ein-stellung
Magnetfeld-linien	**79.97**	63.53	84.65	84.72	76.58	90.35
Versuch von Oersted	**92.35**	90.00	94.32	95.00	94.59	87.85

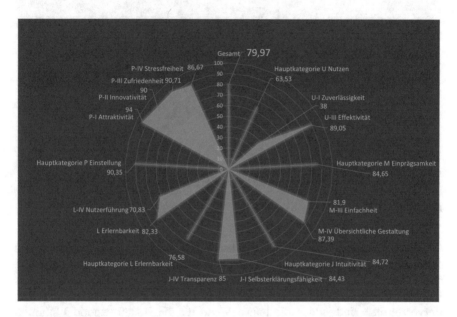

Abb. 6.4 Grafische Darstellung der erreichten Scores pro Haupt-/Unterkategorie der Applikation Magnetfeldlinien

6.3.2 Auswertung, Ergebnisse und Diskussion

Die Auswertung der insgesamt zehn Interviews der beiden entwickelten AR-Teil-applikationen ist in Tab. 6.1 für die einzelnen Kategorien zusammengefasst.

Die Punkte der fünf Hauptkategorien setzen sich aus den jeweiligen Unterkate-gorien zusammen. Diese sind nach erfolgreicher Kodierung berechnet worden. Anhand einer grafischen Auswertung der Scores ist zu erkennen, dass gerade in der Hauptkategorie Nutzen die Applikation *Magnetfeldlinien* am wenigsten Punkte im Vergleich zu den anderen Hauptkategorien erreicht hat (Abb. 6.4).

Dies liegt u. a. daran, dass die Unterkategorie U-I Zuverlässigkeit (38 Punkte) in der Hauptkategorie U Nutzen zu finden ist. Diese Unterkategorie *U-I Zuver-lässigkeit* wurde u. a. dann kodiert, wenn die Nutzenden die erfolgreiche oder gescheiterte Target-Erkennung nannten. Da bei der Teilapplikation *Magnetfeld-*

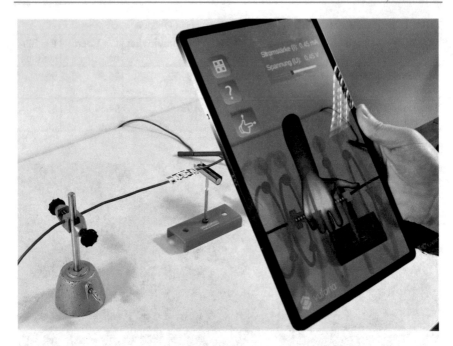

Abb. 6.5 Teilapplikation Versuch von Oersted

linien die Erkennung wegen des durchsichtigen Sockels mit Eisenspänen und damit auftretenden spiegelnden Effekten teils schwierig war, erhält man aus dem qualitativen Interview eine direkte Erklärung für den erreichten Wert. Dieses Problem wurde nach der Studie durch eine neue Position des Markers gelöst. Hervorzuheben sind jedoch die hohen Werte für die Hauptkategorie J Intuitivität. Somit schien das GUI (engl.: *Graphical User Interface*) für alle Nutzenden selbsterklärend. Auch die grafische Darstellung der virtuellen Objekte schien im Allgemeinen sehr verständlich, was den hohen Wert der Hauptkategorie M Einprägsamkeit vermittelt. Diese Einfachheit kann u. a. in Abb. 6.5 gesehen werden. Dort dargestellt ist die Teilapplikation *Versuch von Oersted*. Bei diesem Versuch entsteht ein radiales Magnetfeld um einen stromdurchflossenen Leiter. Anhand der Rechte-Hand-Regel kann die Rotation des Magnetfeldes bestimmt werden. Diese Rechte-Hand-Regel ist optional durch die AR-Applikation einblendbar.

Zusammenfassend kann gesagt werden, dass die qualitativen Interviews für die Usability-Bewertung einen großen Vorteil bringen, da das Feedback der Testenden direkt zur Verbesserung der Applikation verwendet werden kann.

6.4   Ausblick

Die evaluierten und optimierten AR-Applikationen können nun dem Praxistest unterzogen werden. Geplant ist eine Durchführung in einem Lehr-Lern-Labor (kurz: LLL) in den Räumen der Universität Würzburg. Dabei werden die

Schulklassen von Lehramtsstudierenden des Fachs Physik betreut. Dies ermöglicht eine Betreuung der Lernenden in Kleingruppen, während die Studierenden zusätzlich Berufsfelderfahrung sammeln (Elsholz & Trefzger, 2020; Völker & Trefzger, 2010).

Die Schülerinnen und Schüler einer 10. Klasse durchlaufen in dem LLL sechs verschiedene Stationen zum Thema Magnetismus. Um einen möglichen Einfluss von AR nachzuweisen, werden alle Stationen mit drei verschiedenen Darstellungsdarbietungen durchgeführt. Das Hauptinteresse liegt darin, Unterschiede zwischen einem klassisch durchgeführten, mit Simulationen unterstützten oder mit einer AR-Applikation versehenen Realexperiment zu finden. Dabei werden die Konstrukte des situationalen Interesses und des Cognitive Load in Bezug auf die Durchführungsart genauer analysiert. Für eine genauere Beschreibung der Stationen und des Studiendesigns sei an dieser Stelle auf Schwanke et al. (2021) und Schwanke und Trefzger (2020) verwiesen.

Literatur

Alfieri, L., Brooks, P. J., Aldrich, N. J., & Tenenbaum, H. R. (2011). Does discovery-based instruction enhance learning? *Journal of Educational Psychology, 103*(1), 1-18.

Ayres, P., & Sweller, J. (2014). The split-attention principle in multimedia learning. In R. Mayer & R. E. Mayer (Hrsg.), *The Cambridge handbook of multimedia learning* (S. 206-226.). Cambridge University Press.

Bacca, J., Baldiris, S., Fabregat, R., Graf, S., & Kinshuk,. (2014). Augmented reality trends in education: A systematic review of research and applications. *Journal of Educational Technology & Society, 17*(4), 133-149.

Billinghurst, M., Clark, A., & Lee, G. (2015). A survey of augmented reality. *Foundations and Trends® in Human–Computer Interaction, 8*(2–3), 73–272.

Billinghurst, M., & Duenser, A. (2012). Augmented reality in the classroom. *Computer, 45*(7), 56-63.

Brooke, J. (1996). SUS – A quick and dirty usability scale. In P. W. Jordan (Hrsg.), *Usability evaluation in industry: Based on the International Seminar Usability Evaluation in Industry that was held at Eindhoven, The Netherlands, on 14 and 15 September 1994* (S. 189-194.). Taylor & Francis.

Dey, A., Billinghurst, M., Lindeman, R. W., & Swan, J. E. (2018). A Systematic review of 10 years of augmented reality usability studies: 2005 to 2014. *Frontiers in robotics and AI, 5*, 37.

Döring, N., & Bortz, J. (2016). *Forschungsmethoden und Evaluation in den Sozial- und Humanwissenschaften.* Springer.

Elsholz, M. & Trefzger, T. (2020). Identitätsarbeit im Lehr-Lern-Labor-Seminar: Dimensionalität und Veränderung des akademischen Selbstkonzepts angehender Physiklehrkräfte während einer zentralen Praxisphase. In D. Bosse, M. Meier, T. Trefzger, & K. Ziepprecht (Hrsg.), *Professionalisierung durch Lehr-Lern-Labore in der Lehrerausbildung* (S. 78–100). Landau in der Pfalz: Empirische Pädagogik.

Erfmann, C. (2017). *Ein Anschaulicher Weg Zum Verständnis der Elektromagnetischen Induktion: Evaluation Eines Unterrichtsvorschlags und Validierung Eines Leistungsdiagnoseinstruments.* Dissertation, Logos Verlag Berlin GmbH, Berlin.

Franke, T., Attig, C., & Wessel, D. (2019). A personal resource for technology interaction: Development and validation of the affinity for technology interaction (ati) scale. *International Journal of Human-Computer Interaction, 35*(6), 456-467.

Ibáñez, M. B., Di Serio, Á., Delgado-Kloos, C., & Villarán, D. (2014). Experimenting with electromagnetism using augmented reality: Impact on flow student experience and educational effectiveness. *Computers & Education, 71*, 1-13.

Karapanos, M., Becker, C. & Christophel, E. (2018). Die Bedeutung der Usability für das Lernen mit digitalen Medien. *MedienPädagogik: Zeitschrift für Theorie und Praxis der Medienbildung*, 36–57.

Kircher, E., Girwidz, R., & Fischer, H. E. (2020). *Physikdidaktik | Grundlagen*. Springer Spektrum.

Kircher, E., Girwidz, R., & Häußler, P. (Hrsg.). (2015). *Physikdidaktik: Theorie und Praxis*. Springer Spektrum.

Körner, H.-D. & Erb, R. (2013). Zur Bedeutung von Experimenten bei der Erkenntnisgewinnung. In S. Bernholt (Hrsg.), *Inquiry-based Learning – Forschendes Lernen: Gesellschaft für Didaktik der Chemie und Physik, Jahrestagung in Hannover 2012 ; Gesellschaft für Didaktik der Chemie und Physik* (Bd. 33, S. 74–76). IPN.

Kuckartz, U., Dresing, T., Rädiker, S., & Stefer, C. (2008). *Qualitative Evaluation: Der Einstieg in die Praxis*. VS Verlag.

Lindlahr, W. (2014). Virtual-Reality-Experimente für Interaktive Tafeln und Tablets. In J. Maxton-Küchenmeister & J. Meßinger-Koppelt (Hrsg.), *Digitale Medien im naturwissenschaftlichen Unterricht* (S. 90-97.). Joachim-Herz-Stiftung Verlag.

Matsutomo, S., Miyauchi, T., Noguchi, S., & Yamashita, H. (2012). Real-time visualization system of magnetic field utilizing augmented reality technology for education. *IEEE Transactions on Magnetics, 48*(2), 531-534.

Mayer, R. E. (2014). Cognitive theory of multimedia learning. In R. Mayer & R. E. Mayer (Hrsg.), *The Cambridge handbook of multimedia learning* (S. 43-71.). Cambridge University Press.

Mehler-Bicher, A., Reiß, M., & Steiger, L. (2011). *Augmented reality: theorie und praxis*. Oldenbourg.

Milgram, P., Takemura, H., Utsumi, A., & Kishino, F. (1995). Augmented Reality: A class of displays on the reality-virtuality continuum. *Telemanipulator and Telepresence Technologies* (SPIE Vol. 2351), 282–292.

Nestler, S., Artinger, E., Coskun, T., Yildirim-Krannig, Y., Schumann, S., Maehler, M., Wucholt, F., Strohschneider, S., & Klinker, G. (2011). Assessing qualitative usability in life-threatening, time-critical and unstable situations. *GMS Medizinische Informatik, Biometrie und Epidemiologie, 7*(1):Doc01; ISSN 1860–9171.

Oliver, M., McConney, A., & Woods-McConney, A. (2021). The efficacy of inquiry-based instruction in science: A comparative analysis of six countries using PISA 2015. *Research in Science Education, 51*(S2), 595-616.

Pedaste, M., Mäeots, M., Leijen, Ä., & Sarapuu, T. (2012). Improving students' inquiry skills through reflection and self-regulation scaffolds. *Technology, Instruction, Cognition and Learning, 9*, 81-95.

Rudolph, C. (2011). *Evaluierung von Usability durch standardisierte Leitfadeninterviews*. Masterarbeit. Technische Universität München, München. http://campar.in.tum.de/Students/MAQualitativeUsabilityConcept.

Sarodnick, F., & Brau, H. (2016). *Methoden der Usability Evaluation: Wissenschaftliche Grundlagen und praktische Anwendung*. Hogrefe.

Schecker, H., Wilhelm, T., Hopf, M. & Duit, R. (Hrsg.) (2018). *Schülervorstellungen und Physikunterricht: Ein Lehrbuch für Studium, Referendariat und Unterrichtspraxis*. Springer.

Schwanke, H. (2021). *Entwicklung pädagogisch sinnvoller Applikationen für die E-Lehre der Sekundarstufe I: Gestützt durch qualitativ durchgeführte Usability-Umfragen Schwerpunkt Magnetismus*. Julius-Maximillians-Universität Würzburg, Würzburg.

Schwanke, H., Kreikenbohm, A. & Trefzger, T. (2021). Augmented Reality in Schülerversuchen der E-Lehre in der Sekundarstufe I. In Gesellschaft für Didaktik der Chemie und Physik (Hrsg.), *Naturwissenschaftlicher Unterricht und Lehrerbildung im Umbruch?* (S. 641–644). Online.

Schwanke, H. & Trefzger, T. (2020). Augmented Reality in Schulversuchen der E-Lehre in der Sekundarstufe I. In V. Nordmeier & H. Grötzebauch (Hrsg.), *PhyDid B – Didaktik der Physik – Beiträge zur DPG-Frühjahrstagung; 2020: Bonn* .

Schwanke, H. & Trefzger, T. (2021). Entwicklung von AR-Applikationen für die Elektrizitäts-lehre der Sekundarstufe I. In H. Grötzebauch & J. Grebe-Ellis (Hrsg.), *PhyDid B – Didaktik der Physik – Beiträge zur virtuellen DPG-Frühjahrstagung 2021* (S. 421–426).

Seibert, J., Lauer, L., Marquardt, M., Peschel, M., & Kay, C. (2020). deAR: Didaktisch ein-gebettete Augmented Reality. In K. Kasper, S. Hofhues, D. Schmeinck, M. Becker-Mrotzek, & J. König (Hrsg.), *Bildung, Schule, Digitalisierung* (S. 451-456.). Waxmann.

Söbke, H., Montag, M. & Zander, S. (2017). *Von der AR-App zur Lernerfahrung: Entwurf eines formalen Rahmens zum Einsatz von Augmented Reality als Lehrwerkzeug.*

Staatsinstitut für Schulqualität und Bildungsforschung (2020). LehrplanPLUS: Fachlehrplan – Gymnasium Physik. https://www.lehrplanplus.bayern.de/schulart/gymnasium/fach/physik/inhalt/fachlehrplaene. Zugegriffen: 5. Nov. 2020.

Teichrew, A. & Erb, R. (2018). Implementierung modellbildender Lernangebote in das physikalische Praktikum. In H. Grötzebauch & V. Nordmeier (Hrsg.), *PhyDid B – Didaktik der Physik – Beiträge zur DPG-Frühjahrstagung; 2018: Würzburg* (S. 269–275).

Teichrew, A., & Erb, R. (2020). Hauptsache Augmented? Klassifikation digitalisierter Experimentierumgebungen. In K. Kasper, S. Hofhues, D. Schmeinck, M. Becker-Mrotzek, & J. König (Hrsg.), *Bildung, Schule, Digitalisierung* (S. 421-426.). Waxmann.

Tönnis, M. (Hrsg.) (2010). *Augmented Reality* Springer.

Völker, M. & Trefzger, T. (2010). Lehr-Lern-Labore zur Stärkung der universitären Lehramts-ausbildung. In *PhyDid B – Didaktik der Physik – Beiträge zur DPG-Frühjahrstagung; 2010: Hannover* .

Evaluation digitaler Arbeitsblätter im Chemieunterricht in Hinblick auf Usability und Interesse

7

Nils Fitting, Roland Ulber, Lars Czubatinski und Gabriele Hornung ⓘ

Inhaltsverzeichnis

N. Fitting (✉) · L. Czubatinski · G. Hornung
Fachbereich Chemie, Technische Universität Kaiserslautern, Kaiserslautern, Deutschland
E-Mail: fitting@chemie.uni-kl.de

L. Czubatinski
E-Mail: czubatin@rhrk.uni-kl.de

G. Hornung
E-Mail: hornung@chemie.uni-kl.de

R. Ulber
Fachbereich Maschinenbau und Verfahrenstechnik, Technische Universität Kaiserslautern, Kaiserslautern, Deutschland
E-Mail: ulber@mv.uni-kl.de

© Der/die Autor(en) 2023
J. Roth et al. (Hrsg.), *Die Zukunft des MINT-Lernens – Band 2*,
https://doi.org/10.1007/978-3-662-66133-8_7

7.1   Einleitung

Der Einsatz digitaler Technologien in der Schulpraxis hat durch die finanzielle Unterstützung des *DigitalPakts Schule* einen entscheidenden Anschub erfahren (Huwer & Banerji, 2020). Zusätzlich wurden durch die Corona-Pandemie der Bedarf und die Nachfrage nach digitalen Werkzeugen für den Fern-, aber auch für den Präsenzunterricht offensichtlich. Gleichzeitig rufen viele Schulen die bereitgestellten Mittel nicht ab, da z. B. keine ausreichenden Digitalkonzepte bestehen (Kuhn, 2021).

Während der Pandemie fehlten insbesondere digitale Werkzeuge, die eine Begleitung der Lernenden ermöglichen. Schülerinnen und Schülern fehlt im Fernunterricht ein individuelles Coaching (Wößmann et al., 2021). HyperDocSystems (HDS, Fitting & Hornung, 2021) ist ein digitales Werkzeug, das entwickelt wurde, um genau in diese Lücke zu stoßen und besonders die Differenzierung in den Blick zu nehmen. Damit können Lehrkräfte Lernumgebungen mit multimedialen Zugängen erstellen und mit gestuften Zusatzinformationen ausstatten. Gleichzeitig kann die Nutzung dieses Differenzierungsangebots nachverfolgt werden.

Ziel der Studie: HyperDocs (HD) wurden im Rahmen einer Interventionsstudie im Regelunterricht des Fachs Chemie in der Mittel- und Oberstufe mehrerer Gymnasien und Gesamtschulen in einer vierstündigen Unterrichtsreihe eingesetzt. Dabei wurde die Wirksamkeit von *HD* gegenüber analogen Materialien bezüglich des Interesses betrachtet. Den zweiten Untersuchungsschwerpunkt bildete die Usability.

7.2   Theoretischer Hintergrund

7.2.1   Interesse, intrinsische Motivation und Self-Determination Theory

In der aktuellen Interessensforschung spielt die Theorie der *Person-Gegenstand-Konzeption* von Interesse eine wichtige Rolle. Hierbei wird Interesse als eine Erscheinung der Interaktion zwischen einer Person und ihrer „gegenständlichen" Umwelt (Krapp, 1998) beschrieben. Im schulischen Kontext ist der Interessensgegenstand durch spezielle Themengebiete eines Schulfaches oder bestimmte Tätigkeiten im Unterricht definiert. Die Schülerin oder der Schüler besitzt anfänglich ein starkes oder schwaches Wissen über den Gegenstand. Während der weiteren Auseinandersetzung zwischen Person und Gegenstand werden neue Erfahrungen und Kompetenzen erworben, womit der Gegenstand bzw. Inhaltsbereich erschlossen wird (Krapp, 1998). Das Interessenskonzept steht in Zusammenhang mit anderen Motivationstheorien, wie z. B. der Selbstbestimmungstheorie (Deci & Ryan, 1985). Die Entwicklung von Interesse verläuft zunächst über situationales Interesse, welches z. B. durch einen interessanten Lernkontext gefördert wird. Aus diesem situationalen Interesse kann anschließend ein langfristiges individuelles Interesse entstehen. Dabei führt nicht jedes situationale Interesse zwangsläufig zu einem individuellen Interesse. Mitchell (1993) unterscheidet in diesem Zusammenhang zwischen *Catch-* und *Hold-* Faktoren. Während *Catch-*Faktoren (z. B. Computereinsatz, Gruppenarbeit) das anfängliche Interesse eines Lernenden wecken können, sorgen *Hold-*Faktoren (sinnstiftender Kontext, Eingebundenheit) für ein andauerndes situationales Interesse am Gegenstand (Mitchell, 1993).

Es bestehen zum Teil unterschiedlich starke Interessensentwicklungen zwischen den Fächern und innerhalb der Fächer (Großmann et al., 2021). Insgesamt scheint das Interesse an den naturwissenschaftlichen Fächern bei Schülerinnen stärker abzunehmen als bei Schülern (Krapp, 1998).

Personen werden durch intrinsische und extrinsische Faktoren zu einer Handlung bewegt. Dabei hat sich gezeigt, dass intrinsisch motivierte Menschen oftmals mehr Interesse, Selbstsicherheit und Freude erzeugen, wodurch eine höhere Performanz der Handlung und Kreativität erreicht werden (Deci & Ryan, 1991). Die Selbstbestimmungstheorie (engl. *Self-Determination Theory, SDT*) legt einen differenzierteren Blick auf das Konstrukt Motivation und versucht einzelne Facetten der Motivation zu ergründen (Ryan & Deci, 2000).

Das Interesse kann als ein Hauptindikator der intrinsischen Motivation angesehen werden. Digitale Medien können in diesem Zusammenhang die Motivation und den Lernzuwachs beim Lernen erhöhen. Dabei zeigen insbesondere digitale Werkzeuge (z. B. Tutoring-Systeme) große Effekte, die zu einem größeren Autonomie- und Kompetenzerleben beitragen (Hillmayr et al., 2020).

7.2.2 Usability

In Verbindung mit digitalen Werkzeugen sowie dem Interesse und Lernerfolg spielt die *Usability* eine wichtige Rolle (Karapanos et al., 2018). Der Begriff der *Usability* ist ins Deutsche am zutreffendsten mit *Benutzerfreundlichkeit* oder *Benutzbarkeit* zu übersetzen. Ein weiterer Ausdruck ist die *User Experience* (Benutzererfahrung). Teilweise werden diese Begriffe gleichbedeutend verwendet, wobei die *User Experience* neben der Funktionalität technischer Systeme auch deren Ästhetik und Design in den Blick nimmt (Richter & Flückiger, 2016).

Die Benutzbarkeit eines Softwaresystems umfasst Aspekte wie die Einfachheit des Erlernens der Nutzung oder die Effizienz, mit der Aufgaben erledigt werden können. Gleichzeitig müssen passende Funktionen vorhanden sein, um diese Aufgaben zielgerichtet abschließen zu können. Die ISO-Norm 9241–11 bestimmt zur Gebrauchstauglichkeit eines Produkts dessen Effektivität, Effizienz und Zufriedenheit in einem bestimmten Aufgabenkontext (Richter & Flückiger, 2016). Die Usability kann über verschiedene Methoden, wie z. B. Fragebögen, erfasst werden (Holzinger, 2005; Richter & Flückiger, 2016).

In einer Studie von Karapanos et al. (2018) konnte ein signifikanter Zusammenhang zwischen der Usability eines Systems und dem Lernerfolg in einem Biologieleistungskurs gezeigt werden. Die Autorinnen und Autoren begründen diesen Zusammenhang anhand der *Cognitive Load Theory* (Sweller, 1988), wodurch eine schlechtere Usability zu einem höheren *Extraneous* oder *Intrinsic Cognitive Load* und damit zu einem geringen Lernzuwachs führt. Auch zeigt sich in dieser Studie ein schwacher positiver Zusammenhang zwischen der Benutzerfreundlichkeit und dem Interesse, wobei dieser Effekt durch eine positive Erwartungshaltung gegenüber dem Produkt verstärkt werden kann (Karapanos et al., 2018; Raita & Oulsavirta, 2011). Zu einem ähnlichen Ergebnis kommen Meiselwitz und Sadera (2008). Sie weisen darauf hin, dass für eine dauerhafte Verwendung von elektronischen Lernumgebungen die Bedienbarkeit eine zentrale Rolle spielt.

7.3   HyperDocSystems (HDS)

Es existieren verschiedene digitale Werkzeuge, um multimedial angereicherte Lernmaterialien zu erstellen. Ein Beispiel hierfür sind *iBooks* (Seibert et al., 2020), mit denen sich E-Book-ähnliche digitale Bücher mit verschiedenen Erweiterungen (Videos, Lernhilfen, …) erstellen lassen. Eine Limitation der *iBooks* ist die Voraussetzung eines Apple-Gerätes zum Erstellen und Nutzen dieser Medien (Seibert et al., 2020). Mit HDS können Lehrkräfte digitale Arbeitsmaterialien mit einem ähnlichen Funktionsumfang wie *iBooks* erstellen. Die browserbasierte (*Mozilla Firefox, Google Chrome, Microsoft Edge, Apple Safari*) und frei verfügbare Anwendung von *HDS* ist dabei betriebssystemunabhängig. Dadurch lässt sich *HDS* auf allen Endgeräten nutzen. Der Begriff *HyperDoc* setzt sich aus *Hyperlink* und *Document* zusammen, da Nutzerinnen und Nutzer verschiedene Hilfen und Vertiefungsaufgaben innerhalb des Dokuments über vordefinierte Felder öffnen können (Abb. 7.1). Das System wurde Ende 2019 fertiggestellt und wird seitdem erprobt.

Beim Einsatz von *HDS* bieten sich folgende Vorteile: Die Bearbeitung der Dokumente erfolgt über die Tastatur oder Stylus (z. B. *Apple Pencil*) und Lehrkräfte können die Bearbeitungen online einsehen. Über eine Monitoring-Funktion erhalten Lehrende Informationen darüber, welche multimedialen Zugänge (Text, Bild, Video, Audio) die Lernenden aus dem Angebot der zur Verfügung gestellten Hilfen auswählen und wie oft diese Hilfen aufgerufen werden.

Einordnung des Beitrags in die dargestellte Theorie
Bei *HDS* handelt es sich um eine Applikation, die mit der Intention der einfachen Umsetzung der digitalen Binnendifferenzierung im Schulunterricht konzipiert wurde. Durch seine Beschaffenheit als digitales Werkzeug gehen bestimmte Anforderungen, wie z. B. eine hohe Benutzerfreundlichkeit (Usability), einher, die sich wiederum auf den Lernerfolg und das Interesse auswirken können. Gleichzeitig bietet das Medium im Sinne der Interessensentwicklung eine Möglichkeit, als *Catch*-Komponente die Interessensbildung am Lerngegenstand anzustoßen.

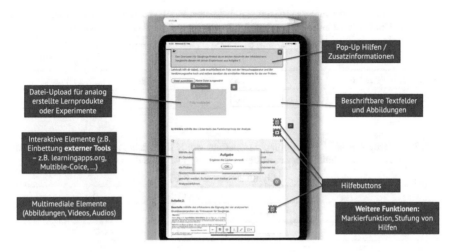

Abb. 7.1 Übersicht eines HyperDocs mit verschiedenen Funktionen

Es werden folgende Fragestellungen untersucht:

1. Wie bewerten Schülerinnen und Schüler die Usability von *HDS* und bestehen dabei Unterschiede zwischen den Geschlechtern und dem Alter?
2. Existiert ein Zusammenhang zwischen der Usability und dem Interesse?
3. Existieren signifikante Unterschiede im Interesse zwischen der erstmaligen Nutzung von *HDS* und einer analogen Variante und kann demnach die Applikation als *Catch*-Faktor dienen?

7.4 Methodisches Vorgehen

7.4.1 Beschreibung der Stichprobe und Intervention

Bei der vorliegenden Studie handelt es sich um eine quasiexperimentelle Feldstudie (Rost, 2013). Die Intervention fand im Zeitraum zwischen Sommer und Winter 2020 statt. Die Kontrollgruppe konnte aufgrund der Pandemie erst im Sommer 2021 und folglich an anderen Schulen erhoben werden. Die Stichprobe umfasst in der Summe 666 Schülerinnen und Schüler, wovon 468 der Interventionsgruppe und 198 der Kontrollgruppe zugeordnet sind (Tab. 7.1 und 7.2).

Beide Gruppen nahmen im regulären Klassen- bzw. Kursverband an der Erhebung teil. Die teilnehmenden Schulen besitzen keinen speziell ausgeprägten Schwerpunkt, wie z. B. *digitale Schule* oder Ähnliches, und stammen alle aus Rheinland-Pfalz.

Die Interventionsgruppe arbeitete innerhalb der vierstündigen Unterrichtsreihe im Regelunterricht ausschließlich mit *HD,* die Kontrollgruppe mit analogen

Tab. 7.1 Stichprobe der Interventionsgruppe. Insgesamt wurde die Stichprobe von fünf Schulen gewonnen. Das Durchschnittsalter der Mittelstufe beträgt 14.75 und der Oberstufe 16.90 Jahre

	Gesamtschule (n = 125)		Gymnasium (n = 343)	
	w	m	w	m
Mittelstufe (n = 357)	51	65	123	118
Oberstufe (n = 111)	9	0	48	54

Tab. 7.2 Stichprobe der Kontrollgruppe. Insgesamt wurde die Stichprobe aus fünf Gymnasien gewonnen. Das Durchschnittsalter der Mittelstufe beträgt 15.24 und der Oberstufe 16.64

	Gymnasium (n = 198)		
	w	m	d
Mittelstufe (n = 151)	71	78	2
Oberstufe (n = 47)	22	23	2

Arbeitsblättern und Hilfen. Sie wurden bei der Kontrollgruppe in Umschlägen an jedes Arbeitsblatt angeheftet. Video- und Audiodateien verschiedener Hilfen konnten folglich in der analogen Variante nicht eingesetzt werden.

Bei der Unterrichtsreihe für die Mittelstufe, mit Ausnahme der Einführungsstunde, handelte es sich um eine adaptierte und erprobte Unterrichtsreihe von Czubatinski et al. (2020). Die Inhalte der Arbeitsmaterialien wurden in *HD* integriert und mit einem multimedialen Differenzierungsangebot (Hilfen und Vertiefungsaufgaben) angereichert. In der ersten Stunde erfolgte eine Einführung in den Umgang mit Tablets. In der Kontrollgruppe wurde die Einführung in die Nutzung des analogen Differenzierungsangebots anhand des gleichen Themas erprobt. Ab der zweiten Stunde begann die Unterrichtsreihe zum Thema Farbstoffe in Lebensmitteln. Die Unterrichtsreihe der Oberstufe wurde von Nieß et al. (2020) adaptiert und nach dem gleichen Verfahren wie oben angepasst. Sie behandelte den gleichen Kontext mit einer anderen Akzentuierung (Abb. 7.2).

7.4.2 Methode der Datenerhebung und Datenauswertung

Die gesamte Erhebung wurde vom Studienleiter selbst durchgeführt, um lehrpersonenabhängige Effekte auszuschließen. Nach jeder Stunde wurde begleitend zur Intervention ein Fragebogen eingesetzt. Das Interesse wurde durch eine Subskala des *Intrinsic Motivation Inventory* (*IMI*, CSDT, 2020) und die Usability nach Lund (2001) erhoben. Er unterteilt in drei bis vier verschiedene Skalen: Nützlichkeit *(Usefulness),* Zufriedenheit *(Satisfaction),* Einfachheit des Lernens der Nutzung *(Ease of Learning)* und Einfachheit der Nutzung *(Ease of Use) – USE.* Die beiden Letzten werden teilweise auch zu einer Skala vereint. Das originale Instrument umfasst 30 Items, wobei manche Items eine geringe Faktorladung aufweisen (Lund, 2001). Für den Unterricht wurde eine gekürzte Fassung des

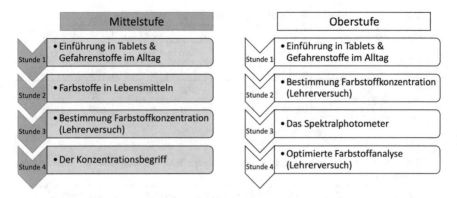

Abb. 7.2 Übersicht der Unterrichtsreihe der Interventionsgruppe und Kontrollgruppe (mit Ausnahme Stunde 1; siehe oben) für die Mittel- und Oberstufe

USE erstellt, für die zunächst die Items mit hohen Faktorladungen übersetzt und geeignete Items mit einer einfachen verständlichen Formulierung ausgewählt wurden.

Da in der hier vorliegenden Studie mit *HDS* eine reduzierte Anzahl an Items des ursprünglichen *USE* und eine übersetzte Version eingesetzt wurden, wurde eine konfirmatorische Faktorenanalyse mit dem R-Paket *lavaan* (Rosseel, 2012) durchgeführt. Aufgrund der fehlenden multivariaten Normalverteilung wurde sich für einen robusten MLM-Schätzer entschieden. Dabei konnte ein akzeptables bis gutes Modell (Hu & Bentler, 1999) bestehend aus den ursprünglichen drei Faktoren Zufriedenheit, Nützlichkeit, Einfachheit des Lernens (Modell 1) oder Einfachheit der Nutzung (Modell 2) gebildet werden. Das Faktorenmodell verschlechtert sich hingegen etwas, wenn alle vier Faktoren in die Analyse miteinbezogen werden (Modell 3), da unter anderem eine hohe Korrelation zwischen den Items der zuletzt genannten Faktoren und damit Kreuzladungen vorliegen. Eine Zusammenlegung der Faktoren Einfachheit des Lernens und Einfachheit der Nutzung führte zum schlechtesten Modell (Modell 4). Da Lund (2001) sowohl von einem Modell mit drei als auch mit vier Faktoren ausgeht, wurde sich aufgrund des geringeren AIC für das Modell 3 entschieden, da die Zusammenlegung der Faktoren *Ease of Learning* und *Ease of Use* zum schlechtesten Modell führte (Tab. 7.3).

In Tab. 7.4 sind die Reliabilitäten der einzelnen Instrumente dargestellt. Bei allen Instrumenten wurden fünfstufige Items vom Likert-Typ eingesetzt, wobei ein höherer Wert (1–5) eine größere Zustimmung ausdrückt.

Es wurden nur Individuen in die Auswertung miteinbezogen, die im Fall der Usability in zwei der vier Stunden oder im Fall des Interesses in allen vier Stunden anwesend waren. Fehlende Werte wurden durch den *EM*-Algorithmus mittels der R-Bibliothek *norm2* (Schafer, 2021) ersetzt. Zuvor wurden Fälle ausgeschlossen, bei denen die Bearbeitung von mehr als 50 % der Items pro Skala fehlten. Auf den gesamten Fragebogen bezogen lag der Anteil der fehlenden Werte auf einem

Tab. 7.3 Robuste Parameter der einzelnen Modelle

Modell	AIC	χ^2	df	p	CFI	$RMSEA$	$SRMR$
1	6850	27.24	17	.06	.991	.044	.025
2	8078	43.11	24	.01	.984	.051	.032
3	9756	79.12	48	.003	.982	.046	.034
4	9772	91.90	66	< .001	.975	.050	.036

Tab. 7.4 Übersicht der Reliabilität, Itemschwierigkeit und Trennschärfe der verwendeten Instrumente

Konstrukt	Cronbachs α	Itemschwierigkeit	Trennschärfe
USE (Zufriedenheit)	.717	.87, .93	.57, .57
USE (Einfachheit des Lernens)	.742	.95, .93, .94	.59, .57, .55
USE (Einfachheit der Nutzung)	.760	.92, .92, .94, .91	.45, .60, .61, .58
USE (Nützlichkeit)	.885	.84, .82, .81	.74, .82, .77
IMI (Interesse)	.910	.79, .79, .8, .84	.69, .84, .82, .83

niedrigen Niveau (< 1 %). Die Gruppenunterschiede wurden mittels eines Welch-Tests (geringe Varianzhomogenität) und gepaarten t-Tests verglichen. Die Normalverteilung war in keiner Skala erfüllt, was allerdings nach Kubinger et al. (2009) keine notwendige Voraussetzung für den Welch-Test darstellt. Ausreißer wurden bewusst nicht aus den Datensätzen entfernt, da der Stichprobenumfang groß war und zudem die gesamte Breite an Rückmeldungen einbezogen werden sollte. Insgesamt war die Anzahl der starken Ausreißer (1. Quartil – 3*Interquartilabstand, 3. Quartil+3*Interquartilabstand) über alle Faktoren jedoch gering (Usability: < 3 %; Motivation: < 1 %). Die Zusammenhangsanalysen wurden nach *Pearson* bestimmt.

7.5   Ergebnis

7.5.1   Usability

Der Vergleich zwischen der Mittel- und Oberstufe der Interventionsgruppe nach der erstmaligen Nutzung (Testzeitpunkt 1: TZP 1) zeigte einen signifikanten Unterschied in der Bewertung der Nützlichkeit des Systems (US_N) und der Zufriedenheit (US_Z), der auch bestehen bleibt, wenn nur Gymnasiastinnen und Gymnasiasten betrachtet werden (Tab. 7.5).

Tab. 7.5 Ergebnisse des Welch-Tests zwischen Mittelstufe (MIT) und Oberstufe (OB) zum TZP 1

Item	MIT: M (SD)	OB: M (SD)	T	df	P	d
US_N	4.21 (.88)	3.80 (1.02)	3.79	164.19	< .001	.412
US_Z	4.56 (.62)	4.31 (.68)	3.40	170.27	.001	.370
US_EN	4.62 (.522)	4.58 (.51)	.80	188.07	.42	–
US_EL	4.70 (.47)	4.73 (.43)	- .74	197.53	.46	–

Demnach bewerteten Lernende der Oberstufe die Usability bezüglich dieser beiden Faktoren schlechter. Unterschiede zwischen den Geschlechtern wurden bezüglich dieser Fragestellung sowohl in der Mittelstufe (US_N: $p=.52$, US_Z: $p=.07$, US_EN: $p=.88$, US_EL: $p=.91$) als auch in der Oberstufe (US_N: $p=.67$, US_Z: $p=.79$, US_EN: $p=.55$, US_EL: $p=.08$) nicht festgestellt.

In der Mittelstufe gab es keine signifikanten Unterschiede zwischen den Schulformen (US_N: $p=.53$, US_Z: $p=.60$, US_EN: $p=.15$, US_EL: $p=.29$). Für die Oberstufe sind in diesem Zusammenhang nicht genügend Datenpunkte für die Gesamtschule vorhanden, weshalb auf einen Vergleich verzichtet wurde.

Auch am Ende der Unterrichtsreihe (TZP 2) existieren signifikante Unterschiede hinsichtlich der Nützlichkeit des Systems und der Zufriedenheit zwischen der Mittel- und Oberstufe (Tab. 7.6).

Sowohl in der Mittel- als auch in der Oberstufe schätzten die Schülerinnen die Nützlichkeit des Systems zum TZP 2 schlechter ein als die Schüler. Dieser Effekt ist in der Mittelstufe ausgeprägter. Das Signifikanzniveau wird nur knapp nicht erreicht (US_N: $M(w.)=3.77$ (1.14), $M(m.)=3.98$ $(.99)$, $t(342.54)=1.86$, $p=.06$, $d=.2$). In der Mittelstufe bewerteten die Lernenden des Gymnasiums die Zufriedenheit, Einfachheit der Nutzung und Einfachheit des Lernens (der Nutzung) signifikant besser (Tab. 7.7). Für die Oberstufe sind nicht genügend Datenpunkte in der Gesamtschule vorhanden.

Bei Betrachtung der Unterschiede zwischen der ersten Erhebung, nach erstmaliger Nutzung des Systems, und nach der zweiten Erhebung, am Ende der Unterrichtsreihe, zeigt sich eine signifikante Abnahme der Einschätzung der Usability über alle Gruppen hinweg (Abb. 7.3). Unter Betrachtung der gesamten Stichprobe nimmt diese bezüglich aller Faktoren signifikant ab (Tab. 7.8).

Tab. 7.6 Ergebnisse des Welch-Tests zwischen Mittelstufe (MIT) und Oberstufe (OB) zum TZP 2

Item	MIT: M (SD)	OB: M (SD)	T	df	p	d
US_N_P	3.87 (1.07)	3.29 (.94)	5.46	205.54	< .001	.412
US_Z_P	4.27 (0.82)	3.92 (.80)	3.98	187.07	< .001	.370
US_EN_P	4.44 (0.65)	4.33 (.58)	1.67	205.01	.10	–
US_EL_P	4.58 (0.59)	4.65 (.46)	- 1.45	232.50	.15	–

Tab. 7.7 Ergebnisse des Welch-Tests zwischen Gesamtschule (GES) und Gymnasium (GYM) zum TZP 2

Item	GES: M (SD)		GYM: M (SD)	T	df	p	d
US_N_P		3.73 (1.13)	3.94 (1.03)	1.65	209.72	.10	–
US_Z_P		4.12 (.82)	4.34 (.74)	2.16	183.15	.03	.24
US_EN_P		4.30 (.73)	4.41 (.60)	2.64	192.05	.01	.30
US_EL_P		4.45 (.69)	4.64 (.53)	2.58	182.45	.01	.30

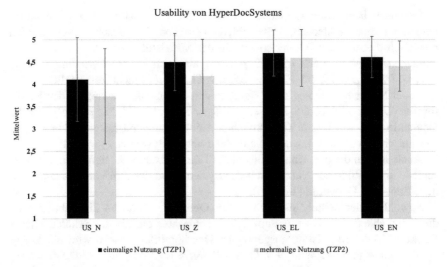

Abb. 7.3 Usability von *HDS* nach einmaliger (TZP 1) und mehrmaliger Nutzung (TZP 2) in der Mittel- und Oberstufe ($n = 468$)

Tab. 7.8 Ergebnisse des gepaarten t-Tests zwischen TZP 1 und TZP 2

Item	TZP1: M (SD)	TZP2: M (SD)	T	df	p	d
US_N	4.11 (.93)	3.73 (1.07)	9.11	467	< .001	.42
US_Z	4.50 (.64)	4.18 (.83)	9.89			.46
US_EN	4.61 (.52)	4.41 (.64)	7.53			.35
US_EL	4.70 (.46)	4.60 (.56)	4.71			.22

7.5.2 Interesse

Ein Vergleich zwischen Kontroll- und Interventionsgruppe zeigt zum TZP 1 in der Mittelstufe und Oberstufe ein signifikant geringeres Interesse in der Kontrollgruppe als in der Interventionsgruppe (Tab. 7.9).

Tab. 7.9 Ergebnisse des Welch-Tests zwischen Interventionsgruppe (IG) und Kontrollgruppe (KG) in der Mittelstufe (INT_M) und Oberstufe (INT_O) zum TZP 1

Item	IG: M (SD)	KG: M (SD)	T	Df	p	d
INT_M	4.50 (.67)	3.10 (1.02)	15.42	210.18	< .001	1.51
INT_O	4.17 (.76)	3.22 (.94)	6.11	72.75	< .001	1.07

Unterschiede zwischen den Schulformen bestehen in der Interventionsgruppe nicht (Mittelstufe: $p=.22$; Oberstufe: $p=.24$). Signifikante Unterschiede hinsichtlich des Interesses zwischen den Geschlechtern sind lediglich in der Mittelstufe (Kontrollgruppe) zu finden $(M(m.)=3.39$ $(.91)$, $M(w.)=2.83$ (1.04), $t(139.52)=3.52$, $p=.001$, $d=.58)$.

Ein Vergleich zwischen den Gruppen über alle vier Messzeitpunkte wird zu einem späteren Zeitpunkt veröffentlicht. Einen ersten Ausblick liefert Abb. 7.4.

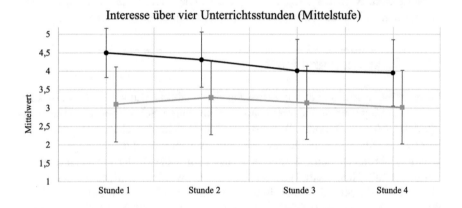

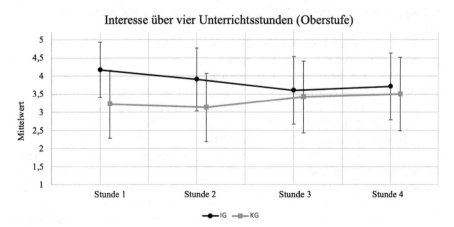

Abb. 7.4 Mittelwert der Skala *Interesse* für die Mittelstufe und Oberstufe im Vergleich zwischen Interventions- und Kontrollgruppe über vier Unterrichtsstunden

Tab. 7.10 Ergebnisse der Zusammenhangsanalyse zwischen Usability und Interesse. (P) steht für TZP 2. **$p < .001$

Skala	US_N (P)	US_Z (P)	US_EN (P)	US_EL (P)
INT (P)	.446** (.421)**	.693** (.671)**	.426** (.446)**	.358** (.300)**

7.5.3 Zusammenhänge zwischen Usability und Interesse

Um die Daten der Einschätzung der Usability mit denen des Interesses zu vergleichen, wurde ein Matching beider Datensätze durchgeführt (Mittelstufe: $n = 314$, Oberstufe: $n = 101$, Geschlechter gleich verteilt).

Bei Betrachtung der Korrelation über alle Nutzergruppen besteht zwischen dem Interesse und der Einschätzung der Usability nach dem erstmaligen Einsatz von *HDS* ein mittlerer bis starker signifikanter Zusammenhang (Tab. 7.10).

Die Effektstärken sind für die Mittel- und Oberstufe sowie für die Geschlechter in etwa gleich. Nach der letzten Unterrichtsstunde blieben die Korrelationen mit einer mittleren bis hohen Effektstärke auf einem signifikanten Niveau.

7.6 Diskussion und Fazit

Das eingesetzte Instrument zur Erfassung der Usability (Lund, 2001) weist nach der hier durchgeführten Faktorenanalyse noch einige Schwächen auf. Das vierfaktorielle Modell (Modell 3) weist gegenüber dem dreifaktoriellen Modell 4 nur einen leicht besseren Fit auf, weshalb es weiterer Untersuchungen bedarf. Zu einem ähnlichen Schluss kommen Gao et al. (2018), die das ursprüngliche Instrument mit allen Items validiert haben. Es wurden ähnliche Faktoren wie bei Lund (2001) gefunden, allerdings weist das gebildete Faktorenmodell (CFA) einen schlechten Fit auf ($\chi^2(399) = 1198.7$, $p < .001$, RMSEA $= .117$). Die Studie bestätigt jedoch die guten Reliabilitäten, die auch Hendra und Yulyani (2018) und Hariyanto et al. (2020) ermittelten.

Bezogen auf *HDS* kann die Einschätzung der Usability insgesamt als gut eingestuft werden. Insbesondere die Einfachheit des Lernens der Bedienung und der Nutzung sind hierbei positiv hervorzuheben. Die schlechtere Bewertung der Usability durch Schülerinnen könnte womöglich mit einer geringeren computerbezogenen Selbstwirksamkeit im Vergleich zu Schülern zusammenhängen (Vekiri & Chroaki, 2008). Da sich der Unterschied erst zu TZP 2 zeigt, wird dieser womöglich durch den Neuheitseffekt oder das anfänglich hohe Interesse bei TZP 1 überdeckt. Es fällt außerdem die höhere Bewertung der Usability bei Gymnasiastinnen und Gymnasiasten zu TZP 2 auf. Hier liegt eventuell eine Interaktion mit dem Interesse vor, das bei diesen Lernenden ebenfalls höher ist. Die schlechtere Bewertung der Usability von Lernenden der Oberstufe gegenüber denen der Mittelstufe könnte im geringeren Interesse Ersterer begründet sein. Eventuell stellen Schülerinnen und Schüler der Oberstufe auch höhere Anforderungen an ein digitales Werkzeug, da sich die Unterschiede lediglich in Bezug auf die Zufriedenheit und die Nützlichkeit zeigen. Ferner zeigt sich, dass die Einschätzung der Usability über die Nutzungsdauer eines Systems abnehmen kann.

Der Einsatz von *HD* kann im Vergleich zu analogen Arbeitsblättern bei einem erstmaligen Einsatz das Interesse signifikant erhöhen und als *Catch*-Faktor dienen. Es besteht damit die Möglichkeit, weniger interessierte Lernende zu einer aktiven Auseinandersetzung mit dem Lerngegenstand zu bewegen. Dieser Effekt könnte bei mehrmaligem Einsatz mit der Zeit abnehmen, was sich bereits in anderen Studien zeigte und wahrscheinlich unter anderem auf den *Neuheitseffekt* zurückzuführen ist (Schulz, 2020). Es sind jedoch noch genauere Analysen durchzuführen, um diese Effekte zu überprüfen. Zur langfristigen Interessensentwicklung können die multimedialen Lernhilfen als *Hold*-Komponente beitragen, indem das Gefühl der Eingebundenheit (Mitchell, 1993) verstärkt wird. Diese Hypothese erfordert eine längerfristige Längsschnittstudie. Es sind weitere Analysen geplant, bei denen untersucht wird, wie sich die anderen Faktoren der *SDT* im Vergleich zwischen der Interventionsgruppe und der Kontrollgruppe verhalten.

Weiterhin kann der Zusammenhang zwischen Usability und Interesse bestätigt werden. Die Effekte sind dabei als hoch einzustufen. Aus den Ergebnissen der Studie lässt sich folgern, dass das Interesse und die Usability sich gegenseitig beeinflussen, da geringer interessierte und motivierte Schülerinnen und Schüler das System auch als weniger nützlich erachten.

Neben dem interessefördernden Aspekt konnten im Rahmen der Studie Vorteile beobachtet werden, die aber noch nicht empirisch belegt sind: Durch das Differenzierungsangebot können Lehrende die individuellen Lernprozesse der Lernenden begleiten, die einzelnen Lernprodukte allen Schülerinnen und Schülern zugänglich machen und den eigenen Unterricht evaluieren.

In Ausblick zu stellen wären nun Untersuchungen, bei denen *HDS* bei Lerngruppen eingesetzt wird, die bereits länger mit digitalen Technologien arbeiten. Außerdem wäre ein Vergleich zwischen einfachen digitalen Arbeitsblättern ohne Differenzierung über Hilfekärtchen und den *HD* zu untersuchen, um die Rechtfertigung des Einsatzes einer binnendifferenzierten Variante weiterführend empirisch zu stützen.

Insgesamt bekräftigen die bisher ausgewerteten Daten die Erkenntnisse im Bereich der Usability- und Motivationsforschung im Zusammenhang mit digitalen Technologien. Dabei kann *HDS* als ein reliables und valides System zur Umsetzung digitaler multimedialer Arbeitsmaterialien angesehen werden, das als *Catch*-Faktor zur Interessensentwicklung in einem allgemeineren Kontext genutzt werden kann. Weiterhin können individuelle Unterschiede zwischen den Lernenden durch die Möglichkeit der Differenzierung mit z. B. textbasierten und videobasierten Inhalten berücksichtigt werden.

7.7   Limitation

Die durchgeführte Studie weist aufgrund der Corona-Pandemie Limitationen auf. Die Zuweisung der Vergleichs- und Kontrollgruppe erfolgte nicht vollkommen randomisiert und die Stichprobengröße der Kontrollgruppe ist deutlich kleiner.

Gleichzeitig erfolgte die Erhebung der Kontrollgruppe in einem versetzten Zeitraum und an anderen Schulen, sodass schulspezifische Effekte bei den Ergebnissen nicht vollkommen ausgeschlossen werden können. Dagegen spricht, dass die Schulen keinen digitalen Schwerpunkt hatten und sich in Bezug auf die Nutzung digitaler Werkzeuge nur gering unterschieden. Weiterhin ist bei dem Vergleich zwischen Vergleichs- und Kontrollgruppe anzumerken, dass der Kontrollgruppe natürlicherweise ein geringeres Differenzierungsangebot, ohne Video- und Audiohilfen, zur Verfügung stand. Aus den Ergebnissen der Vergleichsgruppe zur Nutzungshäufigkeit (hier nicht dargestellt), differenziert nach Darbietungsform, lässt sich jedoch eine eher geringe Nutzung (< 5 %) von Video- und Audiohilfen ablesen, zumal versucht wurde, den Informationsgehalt in allen Darbietungsformen äquivalent zu gestalten. Bei Betrachtung der Oberstufe konnten keine schulbezogenen Unterschiede analysiert werden, da die vorhandene Teilstichprobe zu klein war.

Bei dem Vergleich zwischen Vergleichs- und Kontrollgruppe ist auf den Versuchsleitereffekt (Rosenthal-Effekt) hinzuweisen, da die Erhebung von dem Studiendesigner selbst durchgeführt wurde. Um gleiche Bedingungen zu schaffen, wurde das Unterrichtsskript zwischen den beiden Gruppen nicht verändert und keine Kenntnisse über die Klassen (z. B. Leistung) vor der Erhebung ausgetauscht. Eine Ausnahme bildet Stunde 1, in der die Einführung in das Arbeiten mit dem Tablet durch die Einführung in das Arbeiten mit den Lernhilfen in den beigefügten Umschlägen substituiert wurde.

Bezüglich der Testinstrumente ist anzumerken, dass bei der Usability vier Faktoren angenommen wurden. Zum Teil liegen hohe Korrelationen zwischen den Faktoren Einfachheit der Nutzung und Einfachheit des Lernens der Nutzung vor. Bei allen Instrumenten zeigen zudem die Itemschwierigkeiten eine unzureichende Differenzierung im oberen Bereich.

Förderung
Das Vorhaben „Die Zukunft des MINT-Lernens" wird von der Deutschen Telekom Stiftung gefördert." Das Vorhaben „U.EDU: Unified Education – Medienbildung entlang der Lehrerbildungskette" wird im Rahmen der gemeinsamen „Qualitätsoffensive Lehrerbildung" von Bund und Ländern aus Mitteln des Bundesministeriums für Bildung und Forschung gefördert.

Literatur

CSDT: Center For Self-Determination Theory. (2020). *Intrinsic Motivation Inventory (IMI)*. https://selfdeterminationtheory.org/intrinsic-motivation-inventory/. Zugegriffen: 14. Juni 2022.

Czubatinski, L., Hornung, G., & Nieß, C. (2020). Quantitative Analysen mit dem Smartphone oder Tablet zur Einführung des Konzentrationsbegriffs – ein Beispiel für wissenschaftspropädeutisches Arbeiten in der SEK I. *CHEMKON, 27*(6), 295-299.

Deci, E L., & Ryan, R.M. (1985). *Intrinsic motivation and self-determination in human behavior.* Springer.

Deci, E.L., & Ryan, R.M. (1991). *A motivational approach to self: Integration in personality* In R. Dienstbier (Hrsg.), *Nebraska symposium on motivation, 38, Perspectives on. Motivation* (S. 237–288). University of Nebraska Press. Lincoln.

Fitting, N., & Hornung, G. (2021). *HyperDocSystems: Die Idee.* https://didaktik.chemie.uni-kl. de/. Zugegriffen: 14. Juni 2022.

Gao, M., Kortum, P., & Oswald, F. (2018). Psychometric evaluation of the use (usefulness, satisfaction, and ease of use) questionnaire for reliability and validity. *Proceedings of the Human Factors and Ergonomics Society Annual Meeting, 62*(1), 1414-1418.

Großmann, N., Kaiser, L., Salim, B., Ahmed, A., Wilder, M. (2021). *Jahrgangsstufenspezifischer Vergleich der motivationalen Regulation im Biologieunterricht und des individuellen Interesses an biologischen Themen von Schülerinnen und Schülern der Sekundarstufe I. Zeitschrift für Didaktik der Biologie (ZDB) – Biologie Lehren und Lernen, 25,* 134–153.

Hariyanto, D., Triyono, M. B., & Köhler, T. (2020). Usability evaluation of personalized adaptive e-learning system using USE questionnaire. *Knowledge Management & E-Learning, 12*(1), 85-105.

Hendra, S. K., & Yulyani Arifin, S. K. (2018). Web-based usability measurement for student grading information system. *Procedia Computer Science, 135,* 238-247.

Hilmmayr, D., Reinhold, F., Ziernwald, L., Hofer, S. (2020). The potential of digital tools to enhance mathematics and science learning in secondary schools: A context-specific meta-analysis. *Computers & Education, 153.*

Holzinger, A. (2005). Usability engineering methods for software developers. *Communications of the ACM, 48*(1), 71-74.

Hu, L., & Bentler, P. M. (1999). Cutoff criteria for fit indexes in covariance structure analysis: Conventional criteria versus new alternatives. *Structural Equation Modeling, 6*(1), 1-55.

Huwer, J., & Banerji, A. (2020). Corona sei Dank?! – Digitalisierung im Chemieunterricht. *Chemkon, 27*(3), 105-106.

Karapanos, M., Becker, C., Christophel, E. (2018). Die Bedeutung der Usability für das Lernen mit digitalen Medien. *MedienPädagogik: Zeitschrift für Theorie Und Praxis Der Medienbildung, 2018* (Occasional Papers), 36–57.

Kuhn, A. (2021). Geld aus Digitalpakt Schule kommt nur langsam in Schulen an. https:// deutsches-schulportal.de/bildungswesen/was-hat-der-digitalpakt-schule-bislang-gebracht/. Zugegriffen: 14. Juni 2022.

Kubinger, K. D., Rasch, D., & Moder, K. (2009). Zur Legende der Voraussetzungen des t -Tests für unabhängige Stichproben. *Psychologische Rundschau, 60*(1), 26-27.

Krapp, A. (1998). Entwicklung und Förderung von Interessen im Unterricht. *Psychologie in Erziehung und Unterricht (PEU), 45*(3), 186-203.

Lund, A. (2001). Measuring Usability with the USE Questionnaire. *Usability and User Experience Newsletter of the STC Usability SIG, 8*(2), 3-6.

Meiselwitz, G., & Sadera, W. (2008). Investigating the Connection between Usability and Learning Outcomes in Online Learning Environments. *Journal of Online Learning and Teaching, 4*(2), 234-242.

Mitchell, M. (1993). Situational interest: Its multifaceted structure in the secondary school mathmatics classroom. *Journal of Educational Psychology, 85*(3), 424-436.

Nieß, C., Czubatinski, L., Hornung, G. (2020). Die Konzentration eines Farbstoffs bestimmen. Fotometrische Messung mit dem Smartphone oder Tablet. *Unterricht Chemie, 177/178,* 32–34.

Raita, E., & Oulasvirta, A. (2011). Too good to be bad: Favorable product expectations boost subjective usability ratings. *Interacting with Computers, Cognitive Ergonomics for Situated Human-Automation Collaboration, 23*(4), 363-371.

Richter, M., & Flückiger, M. (2016). *Usability und UX kompakt.* Springer.

Rosseel, Y. (2012). lavaan: An R package for structural equation modeling. *Journal of Statistical Software, 48*(2), 1-36.

Rost, D.H. (2013). *Interpretation und Bewertung pädagogisch-psychologischer Studien*. Eine Einführung. UTB.

Ryan, R. M., & Deci, E. L. (2000). Self-determination theory and the facilitation of intrinsic motivation, social development, and well-being. *American Psychologist, 55*(1), 68-78.

Schafer, J.L. (2021). *Analysis of incomplete multivariate data under a normal model*. https://cran.uni-muenster.de/web/packages/norm2/norm2.pdf. Zugegriffen: 14. Juni.2022.

Schulz, S. (2020). *Selbstreguliertes Lernen mit mobil nutzbaren Technologien. Lernstrategien in der beruflichen Weiterbildung*. Springer VS.

Seibert, J., Schmoll, I., Kay, C. W. M., & Huwer, J. (2020). Promoting education for sustainable development with an interactive digital learning companion students use to perform collaborative phosphorus recovery experiments and reporting. *Journal of Chemical Education, 97*(11), 3992-4000.

Sweller, J. (1988). Cognitive load during problem solving: Effects on learning. *Cognitive Science, 12*, 257-285.

Vekiri, I., & Chronaki, A. (2008). Gender issues in technology use: Perceived social support, computer self-efficacy and value beliefs, and computer use beyond school. *Computers & Education, 51*(3), 1392-1404.

Wößmann, L., Freundl, V., Grewenig, E., Lergetporer, P., Werner, K., & Zierrow, L. (2021). Bildung erneut im Lockdown: Wie verbrachten Schulkinder die Schulschließungen Anfang 2021? *Ifo Schnelldienst, 74*(5), 36-52.

Eine digitale Spielumgebung zum Lehren und Lernen von Problemlösefähigkeit und Critical Thinking in den Naturwissenschaften

8

Christian Dictus⊙ und Rüdiger Tiemann⊙

Inhaltsverzeichnis

8.1   Einleitung

Die mit der Digitalisierung stark zunehmende Vernetzung der Welt und ein damit verbundener Anstieg der Komplexität aktueller Problemstellungen (z. B. Klimawandel, Umweltverschmutzung, Pandemien) erfordern die Vermittlung eines neuen Satzes von Fähigkeiten – „key competencies for lifelong learning" (EU, 2019) bzw. „21st century skills" (OECD, 2018), um auch nachfolgenden Generationen die optimale Teilhabe am wissenschaftlichen und gesellschaftlichen Diskurs zu ermöglichen.

C. Dictus (✉) · R. Tiemann
HU Berlin, Institut für Chemie, Berlin, Deutschland
E-Mail: christian.dictus@hu-berlin.de

R. Tiemann
E-Mail: ruediger.tiemann@hu-berlin.de

Bei zwei dieser Fähigkeiten – *Problemlösen* und *Critical Thinking* – handelt es sich um bereits seit Längerem thematisierte Konstrukte (z. B. Dörner, 1976; Ennis, 1987). Wird deren Vermittlung an aktuelle Kontexte gebunden, so stellt die Komplexität der Themen eine große fachliche und fachdidaktische Herausforderung dar. Es liegt die Vermutung nahe, dass die Lernenden erst durch intensivere und längere Auseinandersetzung mit den Inhalten einen entsprechenden Zugang zu den Themen erhalten können. Eine Schwierigkeit bei der Konzipierung einer dafür geeigneten Lernumgebung stellt das Aufrechterhalten einer ausreichend hohen Motivation dar. Die Lernumgebung sollte so gestaltet sein, dass es zu einer aktiven und bewussten Bearbeitung der Problemstellung in einem Umfang kommt, welcher dem Kontext gerecht wird.

Das Ziel war daher die Erstellung einer digitalen virtuellen Spielumgebung, welche durch den Einsatz von Gamification-Elementen motivierend genug ist, damit die Lernenden sich ausreichend lange, intensiv und produktiv mit der Thematik befassen und so Kompetenzen in den Bereichen *Problemlösen* und *Critical Thinking* aufbauen können.

In diesem Kapitel stellen wir unsere digitale Spielumgebung „MINT-Town" vor. Dabei beleuchten wir zentrale Schritte des Entwicklungsprozesses und beschreiben beispielhaft die Einbindung von Lerngelegenheiten für *Critical Thinking* und *Problemlösen* in den verschiedenen Teilszenarien.

8.2   Theoretischer Hintergrund

8.2.1   Problemlösen und Critical Thinking

Der Begriff des *Problems* wird in der Kognitionspsychologie bereits von Dörner (1976, S. 10) beschrieben, welcher von einem in der Regel unerwünschten Anfangszustand ausgeht, der in einen wünschenswerten Zielzustand überführt werden soll.

Problem

Ein *Problem* beschreibt eine Situation, in der eine Person einen angestrebten Zielzustand nicht mithilfe routinierter Denk- oder Handlungsprozesse erreichen kann. Es besteht eine sogenannte Barriere bzw. ein Hindernis zum Erreichen des Ziels. Als *Problemlösen* beschreibt man die kognitive Aktivität, die zum Überwinden dieses Hindernisses und damit zum erfolgreichen Erreichen des angestrebten Ziels nötig ist (Betsch et al., 2011; Mayer, 2007).

Um ein Problem zu lösen und den erwünschten Zielzustand zu erreichen, müssen also zunächst neue Denk- und Handlungsprozesse erlernt werden. Dörner (1984, S. 11) beschreibt den Prozess des *Problemlösens* daher auch als „Synthese neuer

Verhaltensweisen". Das Problem ist damit von der Aufgabe abzugrenzen, in der sich der Zielzustand mithilfe zumindest im Prinzip bereits bekannter Routine-prozesse erreichen lässt. Bei einem Problem ist das Vorgehen vom Anfangs- zum Zielzustand noch nicht bekannt.

Der Prozess des Problemlösens lässt sich wiederum in einzelne Phasen unter-teilen. Bei der Entwicklung der Spielumgebung „MINT-Town" haben wir uns dabei an den vier von Scherer et al. (2014) beschriebenen Phasen orientiert: 1) Problem verstehen und charakterisieren, 2) Problem repräsentieren, 3) Problem lösen und 4) Lösung reflektieren und kommunizieren. In der ersten Phase müssen relevante Informationen identifiziert beziehungsweise aus verschiedenen Quellen mit einbezogen werden, um ein Verständnis für die Problemsituation zu erlangen und ein erstes mentales Modell davon zu bilden. Dieses wird in der zweiten Phase in verschiedenen Repräsentationsformen (z. B. graphisch, verbal oder symbolisch) externalisiert, bevor in der dritten Phase systematisch Lösungsstrategien ent-wickelt und ausgeführt werden. Die letzte Phase dient der Reflexion und adressatengerechten Kommunikation der Lösung sowie gegebenenfalls der Suche nach alternativen Lösungsansätzen (Scherer et al., 2014).

Ein zweites zentrales Konstrukt für die Bildung der Zukunft ist *Critical Thinking* (EU, 2019; OECD, 2018). Trotz des Versuches verschiedener Expertinnen und Experten, im Rahmen des APA-Delphi-Projektes eine möglichst einheitliche Definition für den Begriff zu erarbeiten (Facione, 1990), gehen die Definitionsansätze innerhalb und zwischen einzelnen Fachrichtungen immer noch weit auseinander (*vgl. Kap.* 2 *im Bd. 1*). Im Rahmen des Projektes konnte man sich jedoch auf die Einteilung von Critical Thinking in die beiden Dimensionen *affektive Dispositionen* und *kognitive Fähigkeiten* verständigen (Facione, 1990). Dabei ist im Bildungskontext vor allem letztere Kategorie von besonderem Interesse, da sich die kognitiven Fähigkeiten erlernen lassen. Eine für diesen Zweck sehr elaborierte Liste der Fähigkeiten liefert Ennis (2011) mit den *Critical Thinking Abilities* (*vgl. Kap* 2, *Tab. 2.1 im Bd. 1;* Tab. 8.1).

8.2.2   Motivation durch Gamification

Eine Möglichkeit, um eine digitale Lernumgebung motivierend zu gestalten und die Motivation möglichst lange aufrechtzuerhalten, ist der Einsatz von Gamification (Hamari et al., 2014).

Gamification

Gamification (bzw. Gamifizierung) bezeichnet den gezielten Einsatz von ursprünglich aus dem Bereich der Videospielindustrie stammenden Elementen in anderen Kontexten (bspw. der Bildung, der Erziehung, dem Gesundheitswesen u. v. m.). Im Bildungskontext wird Gamification im engeren Sinne beschrieben als Satz von Aktivitäten und Prozessen, die unter Nutzung der Charakteristika von "Game"-Elementen zum Lösen von Problemen angewendet werden. Darunter fallen beispielsweise Elemente wie Punkte- und Levelsysteme, virtuelle Belohnungen und Auszeichnungen wie Badges, Tutorials sowie Möglichkeiten zur sozialen Interaktion (Deterding et al., 2011; Kim et al., 2018).

Die *Game-(Design-)Elemente* lassen sich dabei in die drei Kategorien *Mechanics, Dynamics* und *Aesthetics* aufteilen und beinhalten beispielsweise auch Quests (Aufgaben), virtuelle Items (Gegenstände) und freischaltbare Inhalte (Jung Tae Kim & Lee, 2013; Iosup & Epema, 2014)

Auch die Einsatzbereiche von Gamification sind inzwischen weit gefächert. Neben dem Einsatz im Gesundheitssystem (Belohnungen für regelmäßige Gesundheitsüberwachung bzw. tägliche Fitnessroutinen) oder in Wirtschaftskonzernen („Unterstützung von Unternehmensprozessen", „Wissensaufnahme" und positive „Verhaltensbeeinflussung" (Strahringer & Leyh, 2017, Abschn. 1.3)) wird Gamification auch in der Bildung & Erziehung (Iosup & Epema, 2014; Schoech et al., 2013) eingesetzt.

Tab. 8.1 Angesprochene Fähigkeiten des Critical Thinking (CT Abilities) nach Ennis (2011) in den Szenarien der Spielumgebung „MINT-Town" – „Tutorial" (Tut), „Apfelhain" (AH) und „Bergregion" (BR)

Kategorien	CT *Abilities*	Szenarien
Grundlegende Klärung eines Sachverhalts	1. Auf eine Frage fokussieren	Tut, AH, BR
	2. Argumente analysieren	Tut, AH, BR
	3. Klärende/kritische Fragen stellen und beantworten	Tut, AH, BR
Entscheidungsbasis	4. Glaubwürdigkeit einer Quelle beurteilen	–
	5. Beobachten und Beobachtungen beurteilen	Tut, AH, BR
Schlussfolgerungen	6. Logisch schlussfolgern und logische Schlussfolgerungen beurteilen (Deduktion)	Tut, AH, BR
	7. Schlussfolgern auf Basis von Material (Induktion)	AH
	8. Wertungen vornehmen und beurteilen	AH
Vertiefte Klärung eines Sachverhalts	9. Begriffe definieren und Definitionen beurteilen	–
	10. Immanente Annahmen attribuieren	–
Supposition und Integration	11. Suppositionales (vermutendes) Denken	
	12. Dispositionen und Fähigkeiten integrieren, um eine Entscheidung zu treffen	Tut, AH, BR
Hilfsfähigkeiten (hilfreich, aber nicht konstituierend)	13. Geordnetes, strukturiertes Vorgehen	Tut, AH, BR
	14. Rücksichtnahme auf andere (i. S. v. Adressatengerechtheit)	–
	15. Rhetorik	–

Der Zweck von Gamification ist dabei, unabhängig vom Einsatzbereich, die Erhöhung der Motivation und damit eine elaboriertere Auseinandersetzung mit dem jeweiligen Medium. Diese motivationssteigernde Wirkung konnte inzwischen in verschiedenen Studien bestätigt werden (Buckley & Doyle, 2016; Hamari et al., 2014). Ein weiterer Vorteil beim Einsatz von Gamification im Bildungsbereich ist die Möglichkeit, *Stealth-Assessment*-Elemente einzubinden (Shute & Ventura, 2013). Diese ermöglichen der Lehrperson den Fortschritt der Lernenden nachträglich auszuwerten oder bei vernetzten Tools in einem Livemonitoring zu überwachen.

8.3 Lernumgebung MINT-Town

Die Lernumgebung „MINT-Town" besteht aktuell aus zwei Teilen, welche modular aufeinander aufbauen. Der erste Teil „MINT-Town Tutorial" dient neben der Einführung in die grundlegende Spielsteuerung vor allem dafür, sich in einem eher allgemeinen Inhaltsbereich mit den Konstrukten *Critical Thinking* und *Problemlösen* auseinanderzusetzen. Im zweiten Teil „MINT-Town Chembance" (abgeleitet aus dem englischen „chemical balance") werden die grundlegenden Konzepte wieder aufgegriffen und in einen chemiespezifischen Kontext übertragen (Abb. 8.1).

Mit der „Eutrophierung eines Teiches" wurde für das Tutorial ein Thema gewählt, welches sich aus der Sicht verschiedener naturwissenschaftlicher Fachrichtungen betrachten lässt und weitgehend fachwissensunabhängig bearbeitbar ist. Es kann zukünftig optional als Basis für weitere Teile des Spiels mit fachspezifischen oder fachübergreifenden Kontexten dienen. Der erste vorliegende fachspezifische Teil ist „MINT-Town Chembance", in dem in zwei aufeinander folgenden Szenarien die Synthese und die Hydrolyse von Estern in jeweils einem Problemkontext behandelt werden. Eine Übersicht über die Lernszenarien sowie

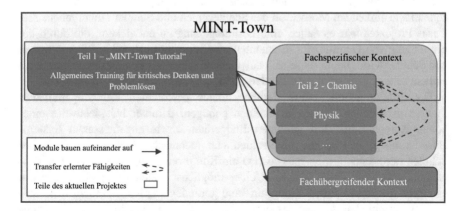

Abb. 8.1 Übersicht über die modular aufgebaute Lernumgebung „MINT-Town"

Tab. 8.2 Übersicht über die Szenarien von MINT-Town und die darin angesprochenen Fähigkeiten des Critical Thinking (Ennis, 2011)

Szenario	Fächer	Dauer	Themen	CT Abilities (Tab. 8.1)
Tutorial	Biologie, Chemie,	1 Zeitstunde	Eutrophierung eines Teiches	1, 2, 3, 5, 6, 12, 13
Apfelhain	Chemie	2 Zeitstunden	Estersynthese (Apfelester)	1, 2, 3, 5, 6, 7, 8, 12, 13
Bergregion (Arbeitstitel)	Chemie	2 Zeitstunden	Esterhydrolyse (Glycerin aus Fettsäure)	1, 2, 3, 5, 6, 12, 13

die darin angesprochenen Fähigkeiten des *Critical Thinking* nach Ennis (2011) zeigt Tab. 8.2.

8.3.1 Entwicklung der Lernumgebung

Die Entwicklung der Lernumgebung wurde größtenteils mithilfe des „framework for the theory-driven design of digital learning environments (FDDLE)" (Tiemann & Annaggar, 2020) realisiert. In dem Framework wird der Entwicklungsprozess in fünf verschiedene Arbeitsschritte unterteilt: 1) Analyse, 2) Design, 3) Entwicklung, 4) Qualitätssicherung, 5) Implementation und Evaluation.

Im Rahmen des Analyseschrittes wurde unter anderem die Wichtigkeit der zwei Konstrukte *Problemlösen* und *Critical Thinking* für Schülerinnen und Schüler in der digital schnell fortschreitenden Welt herausgearbeitet. Entgegen der Erfüllung des konkreten Lehrziels – einer nachhaltigen Entwicklung von Kompetenzen in diesen Bereichen – steht allerdings die hohe Komplexität von aktuellen Problemkontexten. Deren Bearbeitung könnte aufgrund des Schwierigkeitsgrades der Inhalte und der damit verbundenen Bearbeitungsdauer voraussichtlich mit einer zunehmend sinkenden Motivation der Schülerinnen und Schüler einhergehen. Ziel dieses Projektes war es daher, eine Lernumgebung zu entwickeln, die durch die Einbindung von Gamification-Elementen möglichst motivierend auf Schülerinnen und Schüler wirkt, damit diese sich ausreichend lange mit komplexeren (möglichst authentischen) Kontexten auseinandersetzen, um einen Lerneffekt zu erreichen.

Die Spielumgebung sollte darüber hinaus bestimmten Rahmenparametern für den praktischen Einsatz an Schulen genügen, darunter beispielsweise einer hohen Kompatibilität mit gängigen Endgeräten sowie angemessenen Systemanforderungen, welche die unterschiedliche technische Ausstattung deutscher Schulen berücksichtigt. Es musste also ein Kompromiss zwischen einer realitätsnahen Darstellung (bzw. Graphik), einer möglichst hohen Kompatibilität sowie einem realisierbaren Entwicklungsaufwand gefunden werden. In einem Auswahlprozess entschieden wir uns für die Software „RPG Maker MV", welche ebendiese Kriterien erfüllt. Das Spiel lässt sich wahlweise im Browser (z. B. Firefox,

Google Chrome, Internet Explorer, Safari) spielen oder als App auf Windows-oder Android-Geräten installieren. Die Installation auf Mac und iOS konnte bisher leider nicht realisiert werden. Insgesamt lief das Spiel aber, bis auf vereinzelte Abstürze und Soundprobleme im Safari-Browser, in den meisten getesteten Varianten zuverlässig und flüssig.

Angesichts der Tatsache, dass das grundlegende Verständnis von *Critical Thinking* zwar fachbezogene Unterschiede aufweist (Rafolt et al., 2019), es aber gerade in den naturwissenschaftlichen Fächern auch viele Schnittmengen gibt (*vgl. Kap. 2 im Bd. 1*), entschieden wir uns für die Aufteilung der Lernumgebung. Der erste Teil („MINT-Town Tutorial«) dient – neben der Einübung der Spielsteuerung – mit seinem fachübergreifenden, naturwissenschaftlichen Kontext dazu, die Grundlagen für *Problemlösen* und *Critical Thinking* zu etablieren. Die dabei zu erlernenden und einzuübenden Fähigkeiten können dann in weiteren Problemkontexten (z. B. im chemiespezifischen Teil) angewendet werden.

Die folgenden drei Arbeitsschritte – Design, Entwicklung und Qualitätssicherung – bilden einen zyklischen Prozess und wurden für jedes Lernszenario mindestens einmal durchlaufen und im Qualitätssicherungsschritt von Experten evaluiert (Dictus & Tiemann, 2021). Da der chemiespezifische zweite Teil direkt auf die erlernten Grundlagen des ersten Teils („MINT-Town Tutorial") aufbaut, soll der fünfte Schritt – die Implementation und Evaluation – für beide Teile mit denselben Probanden in einem möglichst kurzen Zeitabstand erfolgen.

8.3.2   MINT-Town Teil 1 – Tutorial

Der erste Teil „MINT-Town Tutorial" ist als allgemeines Training für *Critical Thinking* und *Problemlösen* angelegt. Den Spielenden wird zunächst mit Infoboxen die grundlegende Steuerung erklärt, bevor sie ein abgegrenztes Areal der virtuellen Welt – ein Dorf mit Forschungsinstitut in der Wüste – mit ihrem Spielercharakter (Avatar) erkunden können (Abb. 8.2a). Nachdem sie sich mit der

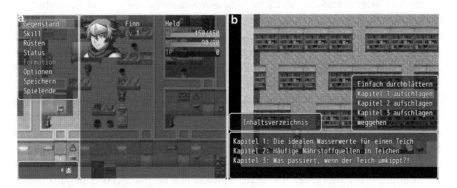

Abb. 8.2   Die Spielenden (**a**) erkunden die Spielumgebung „MINT-Town" mit ihrem Avatar, (**b**) nutzen verschiedene Informationsquellen (z. B. Bücher)

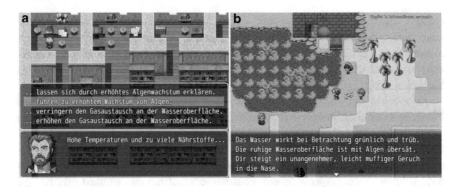

Abb. 8.3 „MINT-Town Tutorial" – Die Spielenden (**a**) charakterisieren das Problem mit dem Gelehrten Vincent, (**b**) erhalten in Textform die vom Avatar „wahrgenommenen" visuellen und olfaktorischen Reize

Steuerung vertraut gemacht haben, werden die Spielenden mit einem naturwissenschaftlichen Problemkontext, der Nährstoffanreicherung (Eutrophierung) eines Teichs und den damit verbundenen Folgen konfrontiert. Sie werden im Anschluss schrittweise mithilfe von Aufgaben (Quests) durch die ersten drei Phasen des Problemlöseprozesses (Scherer et al., 2014) geleitet: 1) Problem verstehen und charakterisieren, 2) Problem repräsentieren, 3) Problem lösen.

Um das Problem vollständig zu lösen, müssen die Spielenden dabei verschiedene Tätigkeiten des *Critical Thinking* einsetzen (Tab. 8.1; Ennis, 2011). Sie sammeln beispielsweise grundlegende Informationen über den Teich – erhöhtes Algenwachstum, ungewöhnliches Verhalten der Fische, Ausfall der Teichpumpe –, um das *Problem* zunächst zu *identifizieren (1)*. Mithilfe weiterführender Informationen können sie das Problem dann genauer verstehen und charakterisieren. Als Informationsquellen dienen neben den in die Spielwelt integrierten Gegenständen (Abb. 8.2b; z. B. Büchern) vor allem die Nicht-Spieler-Charaktere (NPCs). In einer Multiple-Choice-Abfrage eines solchen NPCs (dem Gelehrten Vincent) müssen die Lernenden beispielsweise anhand der gesammelten Informationen *Argumente analysieren (2)* und daraus *kausale Zusammenhänge ableiten (6;* Abb. 8.3a).

Auch wenn Beobachtungen durch die Spielenden im eigentlichen Sinne innerhalb der Lernumgebung primär auditiv (in Form von Soundeffekten) und nur sehr eingeschränkt visuell stattfinden, bekommen sie durch die Interaktion ihres Avatars mit verschiedenen Elementen der Spielwelt (z. B. beim Anklicken des Teichrandes) Informationen über visuelle oder olfaktorische Reize, die ihr Avatar „wahrnimmt". Diese werden ihnen in Textform ausgegeben (Abb. 8.3b). Im Expertenrating – bestehend aus Doktoranden der Lehr-/Lernforschung Chemie der Humboldt-Universität zu Berlin ($N=6$) – bestätigten die Befragten dennoch, dass die Teilfähigkeit *Beobachten (5)* beim Spielen der Lernumgebung angesprochen wird (Dictus & Tiemann, 2021).

Das Expertenrating, welches direkt nach dem Spielen von „MINT-Town Tutorial" ausgefüllt werden sollte, wurde in Form eines Online-Fragebogens mit drei Abschnitten realisiert: 1) Erhebung von Spielzeit und Spielfortschritt, 2) Abbildung der Problemlösephasen und Teilfähigkeiten des *Critical Thinking,* empfundene Motivation durch eingesetzte Gamification-Elemente, 3) offenes Feedback. Der zweite Abschnitt des Fragebogens wurde mithilfe von 5-stufigen Likert-Skalen realisiert.

Neben den bereits beschriebenen Phasen des Problemlösens und angesprochenen Teilfähigkeiten des *Critical Thinking* bestätigten die Ergebnisse des Expertenratings zudem, dass die Spielumgebung unter anderem durch den Einsatz der verschiedenen Gamification-Elemente (z. B. Quests, Storytelling, virtuelle Schlüsselgegenstände) ein motivierendes Lernsetting darstellt (Dictus & Tiemann, 2021).

Im ersten Teil des Spiels wird neben inhaltlich relevanten Informationen auch Metawissen vermittelt, welches beispielsweise den Aufbau und die Erläuterung des Problemlöseprozesses betrifft. Dieses lässt sich optional innerhalb von Dialogen mit Nicht-Spieler-Charakteren (NPCs) abrufen. Das damit verbundene *geordnete, strukturierte Vorgehen (13)* und dabei insbesondere das *Folgen von Problemlöseschritten* sind ebenfalls eine von Ennis (2011) beschriebene Teilfähigkeit des *Critical Thinking,* welche im „MINT-Town Tutorial" adressiert wird.

8.3.3 MINT-Town Teil 2 – Chemie

Der zweite Teil „MINT-Town Chembance" ist in die beiden Teilszenarien „Apfelhain[1]" und „Bergregion" untergliedert. Fachinhaltlich wird in diesem Teil das Basiskonzept der chemischen Reaktion behandelt (KMK, 2004), welches kontextuell so eingebettet ist, dass nacheinander die Synthese und die Hydrolyse von Estern (eine chemische Gleichgewichtsreaktion) behandelt werden. Die beiden Lernszenarien orientieren sich am Rahmenlehrplan für Berlin und Brandenburg (LISUM, 2015) und lassen sich dort in das Themenfeld 3.12 (Ester – Vielfalt der Produkte aus Alkoholen und Säuren) für die Doppeljahrgangsstufe 9/10 einordnen.

Das Szenario „Apfelhain" setzt inhaltlich direkt nach dem Tutorial an. Die Spielenden erreichen mit ihrem Avatar die Region Apfelhain, in der sie mit einer neuen Problemstellung konfrontiert werden. Durch Interaktionen mit Nicht-Spieler-Charakteren (NPCs) und Elementen der Spielwelt sammeln sie erneut Informationen und *identifizieren* schließlich das *Problem* (1): Im örtlichen Gasthaus benötigt man Äpfel, welche durch die lokale Landwirtin nicht geliefert werden können, da sie mit einem akuten Wespenproblem zu tun hat.

---

[1] Die Konzipierung, Entwicklung und Qualitätsprüfung von Apfelhain wurden zusammen mit Cem Basboga im Rahmen seiner Masterarbeit durchgeführt.

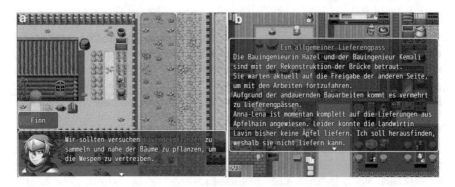

Abb. 8.4 Die Spielenden (**a**) müssen ausgehend von der gewählten Hypothese auf den passenden Lösungsansatz schließen, (**b**) können erhaltene Informationen im Notizbuch nachlesen

Im Dialog des Avatars mit der Landwirtin muss man anschließend in einer Multiple-Choice-Abfrage ihre *Argumente analysieren (2)*, auf Basis der Informationen *eine passende Hypothese (7)* auswählen sowie davon ausgehend *eine logische Schlussfolgerung (6)* für die weitere Vorgehensweise ziehen (Abb. 8.4a).

Anders als „MINT-Town Tutorial" beinhaltet dieses Szenario zwei mögliche Lösungsansätze, um dem dargestellten Problem zu begegnen. Beim ersten Ansatz versucht man die Wespen mithilfe von Lavendelpflanzen (bzw. dem Geruch der darin enthaltenen ätherischen Öle) zu vertreiben. Dies führt allerdings nicht zum erwünschten Ergebnis, da die Wirkung sich als zu gering herausstellt. Der zweite Ansatz, zu dem man auch nach dem missglückten ersten Lösungsversuch gelangt, ist die Synthese eines Apfelesters im chemischen Institut. Neben den nötigen fachlichen Informationen zur Estersynthese bekommt man dort auch die Möglichkeit, die verschiedenen Arbeitsschritte zum Erhalt eines reinen Produktes unter Anleitung in *geordneter, strukturierter Weise (13)* virtuell durchzuführen.

Ein zentrales neues Feature, welches in diesem Szenario eingeführt wurde, ist das Notizbuch, welches der Avatar ständig bei sich trägt. Darin werden verschiedene, früher erhaltene Informationen für die Lernenden festgehalten (Abb. 8.4b). Auch wenn sich das Szenario prinzipiell ohne das Aufrufen des Notizbuches lösen lässt, bietet dieses Feature den Lernenden die Möglichkeit, bestimmte Informationen schnell rekapitulieren und Zusammenhänge besser nachvollziehen zu können.

Ebenfalls ohne direkten Einfluss auf die Handlung sind die hier erstmals eingeführten Erfolge (Achievements), die man beispielsweise durch das Ansprechen aller Personen im Spiel oder das Finden des alternativen Lösungsansatzes erhält. Diese werden im Epilog sichtbar und dienen in erster Linie dazu, den Wiederspielwert zu erhöhen. Eine prominentere Platzierung dieses Features im Spiel wurde bewusst vermieden, um die Vorgehensweise der Spielenden beim Lösen des Problems nicht zu stark zu beeinflussen.

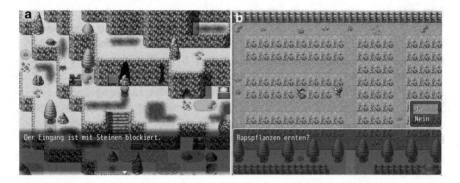

Abb. 8.5 Die Spielenden (**a**) können von der Bergbauregion nicht mehr durch den Tunnel zurück, (**b**) sammeln beim nahegelegenen Hof Rapspflanzen zur Gewinnung von Rapsöl

Das Szenario „Bergregion", welches sich aktuell in der Entwicklung befindet, knüpft inhaltlich an das Szenario „Apfelhain" an. Die Spielenden haben mit ihrem Avatar die Region um Apfelhain durch eine Höhle verlassen und gelangen in eine Bergbauregion (Abb. 8.5a). Als sie die Höhle gerade verlassen haben, stürzt der Tunnel hinter ihnen ein, sodass die letzte Verbindung zwischen den beiden Regionen blockiert wird.

Im Dialog mit den ansässigen Bergbauleuten (NPCs) finden sie heraus, dass diese bei der Arbeit gelegentlich den Sprengstoff Nitroglycerin einsetzen, um Tunnel kontrolliert frei zu sprengen. Dieser zu den anorganischen Estern zählende Sprengstoff ist ihnen allerdings ausgegangen, sodass der Avatar ins nächstgelegene Institut geschickt wird, um neuen Sprengstoff herzustellen.

Dort angekommen erfährt man allerdings, dass ein zentraler Bestandteil (Glycerin) fehlt, welcher nur durch die Hydrolyse eines anderen Esters (in diesem Fall Rapsöl) gewonnen werden kann. Die Lernenden werden hier mit dem Konzept der Umkehrbarkeit chemischer Reaktionen konfrontiert. Sie müssen nach dem Einsammeln einiger Rapspflanzen (Abb. 8.5b) sowohl die Hydrolyse als auch die Synthese eines Esters virtuell im Institut durchführen, um das Problem schließlich lösen zu können.

8.4   Fazit und Ausblick

Mit der Entwicklung von „MINT-Town" haben wir eine virtuelle Spielumgebung geschaffen, welche eine mögliche Umsetzung der Konstrukte *Problemlösen* und *Critical Thinking* in den naturwissenschaftlichen Fächern im Rahmen eines motivierenden Lernsettings darstellt. In den drei Szenarien werden die Spielenden mit realitätsnahen Problemkontexten konfrontiert und müssen dabei beispielsweise die Probleme identifizieren (Tut, AH, BR), Argumente analysieren (Tut, AH, BR), geeignete Hypothesen auswählen (AH) oder kausale Zusammenhänge ableiten

(Tut, AH, BR). Die Lernenden wenden diese Fähigkeiten – Aspekte des *Critical Thinking* (Tab. 8.1, Ennis, 2011) – schrittweise an, während sie durch die verschiedenen Phasen des Problemlöseprozesses begleitet werden. Obwohl die systematische Integration der beiden Konstrukte in die Curricula bisher noch aussteht (vgl. Kap. 2 in Bd. 1), konnten wir mit den chemiespezifischen Szenarien aufzeigen, dass die lehrplankonforme Einbindung der Lernumgebung „MINT-Town" in den Unterricht möglich ist. Die Spielumgebung ist zudem so gestaltet, dass die Erweiterung um weitere Szenarien sowohl für chemiespezifische als auch für andere fachspezifische oder fächerübergreifende Kontexte denkbar ist.

Unsere nächsten Arbeitsschritte sind die Fertigstellung des dritten Szenarios „Bergregion" (Arbeitstitel) sowie die *Implementation und Evaluation* (vgl. Tiemann & Annaggar, 2020) der gesamten Spielumgebung mit Lernenden der Zielgruppe (Jahrgangsstufe 10) und dabei insbesondere die quantitative Erfassung des Kompetenzzuwachses in den Bereichen *Problemlösen* und *Critical Thinking*. Eine andere Möglichkeit zur Messung des Kompetenzzuwachses wäre die Implementierung des sogenannten *Stealth-Assessments,* welches Shute et al. (2016) am Beispiel „Use Your Brainz" – einer von ihnen abgewandelten Version des Spiels „Plants vs. Zombies 2" (Popcap Games und Electronic Arts) – beschreiben. Dass diese Art der Kompetenzmessung sich auch für das hier verwendete Rollenspielgenre eignet, konnten beispielsweise Annaggar und Tiemann (2017) mit ihrer Spielumgebung „The Alchemist" zeigen.

Literatur

Annaggar, A., & Tiemann, R. (2017) *'Video game based gamification assessment of problem-solving competence in chemistry education'.* 11th European Conference on Games Based Learning, ECGBL 2017. Graz, Austria: Academic Conferences and Publishing International Limited (S. 939–943).

Betsch, T., Funke, J., & Plessner, H. (2011). *Denken – Urteilen, Entscheiden.* Springer.

Buckley, P., & Doyle, E. (2016). Gamification and student motivation. *Interactive Learning Environments, 24*(6), 14. https://doi.org/10.1080/10494820.2014.964263

Deterding, S., Dixon, D., Khaled, R., & Nacke, L. (2011) 'From Game Design Elements to Gamefulness: Defining "Gamification"'. In *MindTrek `11 Proceedings of the 15th International Academic MindTrek Conference: Envisioning Future Media Environments.* 28.-30.09. Tampere, Finland: ACM New York, NY, USA ©2011 (S. 9–15).

Dictus, C., & Tiemann, R. (2021) 'Fostering Critical Thinking by a Gamification Approach' -. F. Pixel – via Luigi Lanzu, Italy. In *11th International Conference – The Future of Education (Virtual Edition).* 01.-02.07. Firenze, Italy: Filodiritto Editore (S. 366–370).

Dörner, D. (1976). *Problemlösen als Informationsverarbeitung.* Kohlhammer.

Dörner, D. (1984). Denken, Problemlösen und Intelligenz. *Psychologische Rundschau, 35*(1), 10–20.

Ennis, R. H. (1987). A taxonomy of critical thinking dispositions and abilities. In J. B. Baron & R. J. Sternberg (Hrsg.), *Teaching thinking skills: Theory and practice* (S. 9–26). W H Freeman/Times Books/Henry Holt & Co.

Ennis, R. H. (2011). Critical Thinking: Reflection and Perspective – Part I. *Inquiry – Critical Thinking Across the Disciplines, 26*(1), 4–18.

EU [European Union] (2019). *'Key competencies for lifelong learning' E. Commission Education and Training.* Luxembourg (S. 1–20).

Facione, P. A. (1990) *'Critical Thinking: A Statement of Expert Consensus for Purposes of Educational Assessment and Instruction'*. San Jose CA. https://eric.ed.gov/?id=ED315423. Zugegriffen: 04. Mai 2022.

Hamari, J., Koivisto, J., & Sarsa, H. (2014). 'Does Gamification Work? – A Literature Review of Empirical Studies on Gamification' *47th Hawaii International Conference on System Science* [review]. 06.-09.01. Waikoloa, HI, USA: IEEE.

Iosup, A., & Epema, D. (2014). 'An experience report on using gamification in technical higher education'. *45th ACM technical symposium on Computer science education*. 03.-08.03.2014. Atlanta, Georgia, USA: ACM New York, NY, USA ©2014 (S. 27–32).

Kim, J. T., & Lee, W. H. (2013). Dynamical model for gamification of learning (DMGL). *Multimedia Tools and Applications*, (August 2013), 1–11. https://doi.org/10.1007/s11042-013-1612-8.

Kim, S., Song, K., Lockee, B., & Burton, J. (2018). 'Gamification in Learning and Education' *Enjoy Learning Like Gaming* (S. 164). Springer.

Landesinstitut für Schule und Medien Berlin-Brandenburg [LISUM] (2015). *Rahmenlehrplan Online: Teil C, Chemie, Jahrgangsstufen 7–10*. SenBJF [Senatsverwaltung für Bildung, Jugend und Familie], MinBJS [Ministerium für Bildung Jugend und Sport des Landes Brandenburg]. https://bildungsserver.berlin-brandenburg.de/fileadmin/bbb/unterricht/rahmenlehrplaene/Rahmenlehrplanprojekt/amtliche_Fassung/Teil_C_Chemie_2015_11_10_WEB.pdf. Zugegriffen: 21. Jan. 2021.

Mayer, J. (2007). Erkenntnisgewinnung als wissenschaftliches Problemlösen. In D. Krüger, & H. Vogt (Eds.), *Theorien in der biologiedidaktischen Forschung: Ein Handbuch für Lehramtsstudenten und Doktoranden* (S. 177–186). Springer. https://doi.org/10.1007/978-3-540-68166-3_16.

OECD. (2018). *The future of education and skills – Education 2030*. OECD Publishing.

Rafolt, S., Kapelari, S., & Kremer, K. H. (2019). Kritisches Denken im naturwissenschaftlichen Unterricht – Synergiemodell, Problemlage und Desiderata. *Zeitschrift für Didaktik der Naturwissenschaften, 25*, 63–75. https://doi.org/10.1007/s40573-019-00092-9

Scherer, R., Meßinger-Koppelt, J., & Tiemann, R. (2014). Developing a computer-based assessment of complex problem solving in Chemistry. *International Journal of STEM Education, 1*(2), 15.

Schoech, D., Boyas, J. F., Black, B. M., & Elias-Lambert, N. (2013). Gamification for behavior change: Lessons from developing a social, multiuser, web-tablet based prevention game for youths. *Journal of Technology in Human Services, 31*(3), 21. https://doi.org/10.1080/152288 35.2013.812512

Sekretariat der Ständigen Konferenz der Kultusminister der Länder in der Bundesrepublik Deutschland [KMK]. (2004). *Bildungsstandards im Fach Chemie für den Mittleren Schulabschluss. Beschluss vom 16.12.2004*. Luchterhand.

Shute, V. J., & Ventura, M. (2013). *Stealth assessment: Measuring and supporting learning in video games*. MIT Press.

Shute, V. J., Wang, L., Greiff, S., Zhao, W., & Moore, G. (2016). Measuring problem solving skills via stealth assessment in an engaging video game. *Computers in Human Behavior, 63*, 106–117. https://doi.org/10.1016/j.chb.2016.05.047

Strahringer, S., & Leyh, C. (2017) 'Gamification und Serious Games' HMD *Grundlagen, Vorgehen und Anwendungen* [eBook] (S. 197). Springer Vieweg.

Tiemann, R., & Annaggar, A. (2020). A framework for the theory-driven design of digital learning environments (FDDLEs) using the example of problem-solving in chemistry education. *Interactive Learning Environments, 1–14*,. https://doi.org/10.1080/10494820.2020.1826981

KI-Labor: Online-Lernumgebungen zur künstlichen Intelligenz

9

Andreas Mühling⊙ und Morten Bastian⊙

Inhaltsverzeichnis

9.1   Einleitung

Digitale Systeme prägen unsere Welt seit Jahrzehnten. Ähnlich lange existiert bereits das Forschungsfeld der künstlichen Intelligenz (KI, vgl. Russell & Norvig, 2016), aber erst durch die Möglichkeiten heutiger Rechner und Netzwerke sind die Fortschritte, insbesondere im Bereich des maschinellen Lernens, auch als allgegenwärtige Technologie im Alltag angekommen.

A. Mühling (✉)
Arbeitsgruppe Didaktik der Informatik, Leibniz Institut für Pädagogik der Naturwissenschaften und Mathematik, Kiel, Deutschland
E-Mail: muehling@leibniz-ipn.de

M. Bastian
Institut für Informatik, Christian-Albrechts-Universität Kiel, Kiel, Deutschland
E-Mail: mba@informatik.uni-kiel.de

© Der/die Autor(en) 2023
J. Roth et al. (Hrsg.), *Die Zukunft des MINT-Lernens – Band 2,*
https://doi.org/10.1007/978-3-662-66133-8_9

Künstliche Intelligenz (KI)
Künstliche Intelligenz (KI) ist eine disruptive Technologie, die unter Rückgriff auf große Datenmengen menschenähnliche Wahrnehmungs- und Verstandesleistungen simulieren kann. Dieses „intelligente" Verhalten drückt sich u. a. in Formen von Mustererkennung, logischem Schlussfolgern, selbstständigem Lernen und eigenständiger Problemlösung aus.

Digitale Sprachassistenten, selbstfahrende Autos, Gesichtserkennung in Kameras – intelligente Systeme sind inzwischen an vielen Stellen zu finden (Hitron et al., 2018). Die Potenziale der Technologie werden aktuell in vielen Bereichen, wie z. B. der Medizin, entdeckt. Genauso entstehen aber auch problematische Anwendungsfelder. Beispiel dafür sind automatisch generierte „deep fakes" von Audio- oder Videodaten, die eine Einschätzung der Glaubwürdigkeit von Quellen schwer bis unmöglich machen, oder die bisher nicht regulierten intelligenten Waffensysteme. Die Gesellschaft wird sich daher in den nächsten Jahren und Jahrzehnten verstärkt mit der Frage auseinandersetzen müssen, wie man mit den Möglichkeiten dieser Technologie umgeht (Mazarakis et al., 2019).

Eine sinnvolle gesellschaftliche Diskussion benötigt ein Verständnis der prinzipiellen Funktionsweise und damit einhergehend auch der Möglichkeiten und Grenzen künstlich intelligenter Systeme. Dafür reicht es weder aus, künstliche Intelligenz rein aus einer Anwendungsperspektive zu betrachten, noch muss dafür künstliche Intelligenz in der Tiefe eines Informatikstudiums verstanden werden. Ziel muss vielmehr sein, grundlegende Prinzipien an einfachen Beispielen zu vermitteln, um diese dann für eine Reflexion über die Technologie nutzen zu können – zum Beispiel hinsichtlich der Frage, wie man mit Bias in trainierten Systemen umgeht. Der Rat der Europäischen Union fordert hier etwa als Teil der Schlüsselkompetenzen für lebenslanges Lernen, dass Bürgerinnen und Bürger intelligente digitale Systeme in ihrem Alltag erkennen und effektiv nutzen können sollen (Europäische Union, 2018).

Für Themen von gesellschaftlicher Tragweite scheint eine Einbindung in den verpflichtenden Schulunterricht naheliegend. Dabei ergeben sich in der gegenwärtigen Situation drei Probleme:

1. Maschinelles Lernen und künstliche Intelligenz sind Themen der Informatik. Ein entsprechendes verpflichtendes Schulfach existiert in Deutschland bisher aber nur in wenigen Bundesländern (Gesellschaft für Informatik e. V. (GI), 2021).
2. Dort wo Informatikunterricht existiert, sind die Curricula teilweise nicht modern genug, um die Themen zu berücksichtigen. Auch im Lehramtsstudium bzw. in Maßnahmen zur Nachqualifikation von Informatik-Lehrkräften finden die Themen oft keinen Eingang, da es dafür noch nicht als zentral genug (für die Informatik) gesehen wird. So findet sich in den Bildungsstandards der Gesellschaft für Informatik für die Sekundarstufe II nichts zu den Themen

„künstliche Intelligenz" oder „maschinelles Lernen" (Arbeitskreis „Bildungsstandards SII" der Gesellschaft für Informatik e. V., 2016), dasselbe gilt auch
für die ländergemeinsamen inhaltlichen Anforderungen an die Lehramtsaus-
bildung (Kultusminister Konferenz, 2008). Es fehlt somit an curricularen Vor-
gaben und in der Folge auch an Lehrmaterial für diese Themen.
3. Es stellt sich damit zunächst die grundsätzliche Frage, welche Aspekte der
künstlichen Intelligenz bzw. des maschinellen Lernens man im Kontext
von Schulunterricht thematisieren kann und möchte (Sulmont et al., 2019;
Schlichtig et al., 2019). Die modernen Verfahren erfordern typischerweise
Mathematik, die weit über das Schulniveau hinausgeht (Mariescu-Istodor
& Jormanainen, 2019). Gleichzeitig findet Informatikunterricht in Deutschland, wenn er verpflichtend ist, meist eher am Anfang der Sekundarstufe I statt
und vergrößert so noch die Kluft zwischen dem, was mathematisch von den
Schülerinnen und Schülern leistbar ist, und dem, was man benötigen würde,
um beispielsweise das Training in einem neuronalen Netz zu verstehen. Belässt
man den Unterricht aber auf einer reinen „Blackbox"- oder Analogie-Ebene,
verstärkt man damit – speziell bei jüngeren Lernenden – möglicherweise
falsche Eindrücke über die „Intelligenz" von Maschinen (Williams et al., 2019),
die diese oftmals als Vorstellung in den Unterricht bringen (Rücker & Pinkwart,
2016).

Aus dieser Ausgangslage entsteht das Desiderat für Unterrichtsmaterial bzw.
Lernumgebungen zu Themen der KI bzw. des maschinellen Lernens, die in und
optimalerweise auch außerhalb des Informatikunterrichts von Lehrkräften eingesetzt werden können, die nicht notwendigerweise selbst zu diesem Thema fach-
lich oder fachdidaktisch ausgebildet wurden. Das Material muss darüber hinaus
auch niederschwellige, z. B. phänomenologische Zugänge zu den Themen ermöglichen und diese dabei gleichzeitig nicht als reine Black-Box betrachten.

In diesem Beitrag wird die Konzeption einer von mehreren Online-Lern-
umgebungen vorgestellt, die aufbauend auf diesen Ansprüchen und fachdidaktischen Ansätzen der Informatik entwickelt wurden.

9.2   Das „KI-Labor"

Die Webseite „KI-Labor" wird von der Arbeitsgruppe Didaktik der Informatik an
der Universität Kiel entwickelt und bereitgestellt.[1] Das Ziel der Lernumgebungen
ist es, unterrichtliche Zugänge zu mehreren klassischen und bis heute relevanten
Verfahren der künstlichen Intelligenz zu ermöglichen. Die Lernumgebungen
können dabei explorativ von den Schülerinnen und Schülern bearbeitet oder als
Teil eines stärker instruktional ausgerichteten Unterrichts eingebettet werden.

---

[1] https://www.ddi.inf.uni-kiel.de/de/schule/ki-labor.

Grundsätzlich sind die Lernumgebungen für die Klassenstufen 10–13 vorgesehen, in besonderen Fällen ist aber auch ein Einsatz in anderen Kontexten denkbar – etwa im Rahmen von Wahlpflichtunterricht in Informatik unterhalb der 10. Klasse.

Die Lernumgebungen thematisieren die drei typischen Lernverfahren des maschinellen Lernens: Beim Verstärkungslernen werden Informationen aus der „Umwelt" als Reaktion auf das Verhalten eines trainierbaren Systems gesammelt und diese zur Verbesserung des Systems verwendet. Beim überwachten Lernen werden Systeme anhand von existierenden Daten auf ein bekanntes, erwünschtes Ergebnis trainiert. Künstliche neuronale Netzwerke stellen hier sicherlich den bekanntesten Vertreter dar. Im Gegensatz dazu ist bei Verfahren des unüberwachten Lernens kein solches erwünschtes Ergebnis bekannt (vgl. Russell & Norvig, 2016).

Künstliches neuronales Netzwerk
Ein künstliches neuronales Netzwerk beschreibt eine Struktur von verknüpften Knoten. In dieser Struktur werden drei verschiedene Schichten unterschieden. Es gibt den Input-Layer, darauffolgend einen oder mehrere Hidden-Layer und abschließend einen Output-Layer. Jede Einheit besitzt verschiedene Gewichte, mit denen die Daten verarbeitet werden. Die Gewichte der Knoten werden durch ein Training mit menschen- oder computergenerierten Daten ermittelt.

Bisher existieren drei Lernumgebungen, die hier zunächst kurz skizziert und im weiteren Verlauf des Artikels noch ausführlicher beschrieben werden:

1. „Tic-Tac-Toe": Verstärkungslernen am Beispiel Tic-Tac-Toe. Durch wiederholte Spiele gegen einen menschlichen Gegner lernt das System aus Verlusten und verbessert kontinuierlich das eigene Spiel.
2. „Das Perceptron": Überwachtes Lernen mit einem Perceptron. Im Rahmen einer Geschichte wird in die Funktionsweise von Perceptren als einfachste künstliche neuronale Netze sowie die Kombination von mehreren Perceptren eingeführt.
3. „MNIST": Handschrifterkennung durch künstliche neuronale Netze als Beispiel für überwachtes Lernen. Neben der Verwendung eines bereits trainierten Systems erlaubt diese Lernumgebung auch das selbstständige Training der Netze. Ein Fokus liegt hier auf der Reflexion der Möglichkeiten und Grenzen eines leistungsfähigen Systems.

Neben diesen Lernumgebungen existieren sechs weitere „Experimentier-Umgebungen", die zukünftig noch zu vollständigen Lernumgebungen ausgebaut werden, aktuell aber bereits als Ergänzung zu den existierenden Lernumgebungen eingesetzt werden können:

1. „Cartpole": Verstärkungslernen am Beispiel des „Cartpole-Experiments". In dieser Variante des Verstärkungslernens ist kein menschlicher Akteur notwendig, der Computer lernt durch Interaktion mit der (simulierten) Umwelt.
2. „Objekterkennung": Ein komplexes Anwendungsbeispiel für künstliche neuronale Netze. Es werden Objekte mittels eines bereits fertig trainierten Modells in der Webcam erkannt.
3. „Klassifikation": Erweiterung der Objekterkennung um die Möglichkeit, neue Klassen von Objekten zum trainierten Modell hinzufügen und trainieren zu können.
4. „Landschaft erzeugen", „Gesichter erzeugen", „MNIST-Daten erzeugen": Alle drei Umgebungen thematisieren das unüberwachte Lernen mit „generative adversarial networks" (GANs). Dabei arbeiten zwei künstliche neuronale Netzwerke „gegeneinander". Ein Netz erzeugt Ausgaben, die bekannten Daten ähneln sollen. Ein zweites Netz klassifiziert diese Ausgaben in „echt" oder „generiert". Im Training wird dabei das Ergebnis der Klassifikation als verstärkender Input für beide Netzwerke verwendet. Dadurch lassen sich z. B. künstliche Bilder von Gesichtern oder Landschaften generieren.

Alle Lernumgebungen sind anhand von gemeinsamen theoretischen Überlegungen konzipiert worden, die hier zunächst allgemein vorgestellt und in den nächsten Abschnitten an konkreten Beispielen aufgegriffen werden:

1. Es gibt grundsätzlich eine oder mehrere interaktive Experimentierumgebungen in den Umgebungen, die es ermöglichen, dass Schülerinnen und Schüler mit einem KI-System interagieren. Diese Herangehensweise hat sich für die Erarbeitung von Themen des maschinellen Lernens bereits als wirksam erwiesen (Hitron et al., 2019) und folgt grundsätzlich der Idee des „active learning" (Freeman et al., 2014). Die Interaktion erfolgt dabei aber in einer Art und Weise, die über das reine Verwenden eines Systems hinausgeht und somit die „Black-Box" bis zu einem bestimmten Grad öffnet. Im Gegensatz zu anderen unterrichtlichen Kontexten, in denen die betrachteten informatischen Systeme tatsächlich voll von den Lernenden durchdrungen werden sollen, geht es aufgrund der oben dargelegten Einschränkungen in diesen Lernumgebungen um die Bildung geeigneter, aber letztlich unvollständiger mentaler Modelle (Ben-Ari, 1998).
2. Die Lernumgebungen bieten Aufgaben, anhand derer das Experimentieren bzw. der Arbeitsfluss gesteuert wird. Die Aufgaben bieten immer auch Gelegenheiten zur Reflexion der gemachten Beobachtungen bzw. regen den Transfer des Gelernten an. Hier wird im Sinne des „experiential learning" ebenfalls auf aktives, konstruktivistisches Lernen zurückgegriffen (Kolb, 1984). Die Umgebungen bieten eine Mischung aus Phasen des „tinkering" und klaren strukturierten Phasen, um auf die unterschiedlichen Arbeitsweisen von Schülern und Schülerinnen einzugehen (Burnett et al., 2016).
3. Auf instruktionales Material wird größtenteils verzichtet, um die Einbettung in verschiedene unterrichtliche Kontexte zu ermöglichen. Insbesondere wird

eine Vermenschlichung der Systeme vermieden und deren feste, algorithmische Struktur in den Vordergrund gestellt. Damit sollen Fehlvorstellungen über „denkende Maschinen" vermieden bzw. verringert werden (Rücker & Pinkwart, 2016). Um auch ein selbstgesteuertes Lernen zu ermöglichen, ist eine Anbindung an existierendes Lehrmaterial möglich (siehe unten). Speziell können die Lernumgebungen somit auf die folgenden Arten eingesetzt werden:

a) im Sinne des „preparatory problem solving" als Einstieg in ein Thema (Kapur, 2015),
b) als Material für interessierte Schüler*innen, die selbstentdeckend arbeiten,
c) als Übungs- bzw. Reflexionsgelegenheit im Anschluss an eine instruktionale Einheit.

Aus technischer Sicht werden alle Umgebungen des KI-Labors direkt als Javascript im Browser ausgeführt, es ist somit beispielsweise nicht notwendig, eine stabile Internetverbindung während des Experimentierens zu haben, und es muss auch keine weitere Software installiert werden. Intern wird hauptsächlich auf die „TensorFlow"-Bibliothek und das Web-Framework „AngularJS" zurückgegriffen, um eine moderne und performante Webseite zu erhalten, in der auch große Datensätze noch sinnvoll von typischen Rechnern verarbeitet werden können. Gleichzeitig sind, für Lernumgebungen, die einen Anwendungskontext darstellen, die Datensätze aber bewusst so groß gewählt, dass zum einen interessante Ergebnisse – etwa die Objekterkennung mit einer Webcam in Echtzeit – realisiert werden können und zum anderen auch das Training einige Zeit dauert, sodass die Rechenleistung, die für moderne KI notwendig ist, wenigstens in Ansätzen direkt erfahrbar wird.

In den nächsten Abschnitten werden die drei Lernumgebungen im Detail vorgestellt und dabei auch die Umsetzung der eben dargelegten Designentscheidungen nochmals aufgegriffen.

9.2.1   Die Lernumgebung „Perceptron"

Ein Perceptron stellt den Grundbaustein von künstlichen neuronalen Netzen – ein einzelnes künstliches Neuron – dar. Die Ausgabe eines Perceptrons wird berechnet als Funktionswert einer nichtlinearen „Aktivierungsfunktion", angewendet auf die gewichtete Summe von mehreren (numerischen) Eingaben. Die iterative Verbesserung dieser Gewichte anhand von vorgegebenen Eingabe-Ausgabe-Paaren ist der Lernprozess (Russell & Norvig, 2016).

In der Lernumgebung wird eine interaktive Geschichte erzählt, in der ein Bauer mithilfe seiner Tochter maschinelles Lernen für die Klassifikation von Birnen anhand verschiedener Merkmale einsetzen möchte. Die Steuerung des Arbeitsflusses ist somit durch den Geschichtsverlauf fest vorgegeben, das Tempo der Bearbeitung aber individuell steuerbar. Geschlechtsspezifische Stereotype der Informatik wurden durch die Verwendung einer Informatikerin innerhalb der Geschichte adressiert (Cheryan et al., 2015).

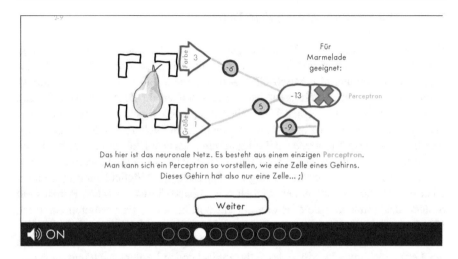

Abb. 9.1   Ein interaktives Element der Lernumgebung „Das Perceptron"

An verschiedenen Stellen enthält die Geschichte konkrete Aufforderungen, selbst aktiv zu werden. Ausgehend von dem Problem wird zunächst in einer Experimentierumgebung händisch, interaktiv nach guten Werten für die Gewichte eines Perceptrons gesucht (Abb. 9.1). Anschließend werden die Grenzen eines einzelnen Perceptrons, das für eine leicht modifizierte Problemstellung bereits nicht mehr ausreicht, im Sinne des „productive failure" (Sinha & Kapur, 2021) direkt von den Lernenden erfahren, indem sie für einige Zeit erfolglos nach Gewichten suchen müssen. Als Lösung des Problems werden mehrere Perceptren zu einem einfachen neuronalen Netz kombiniert und auch hier wieder händisch nach passenden Gewichten gesucht. Aus dieser sehr mühsamen Suche ergibt sich der Bedarf nach einer automatisierten Lösung – dem Trainingsalgorithmus, der dann als Abschluss der Geschichte lediglich in Form einer Animation vorgestellt wird.

Auch wenn es sich dabei nur im weitesten Sinne um ein Spiel handelt, werden dennoch zentrale Elemente des „game-based learning" in der Lernumgebung umgesetzt (Plass et al., 2016): ästhetisches und narratives Design, Belohnung bei korrekt ausgeführter Aufgabe und ein direktes Feedbacksystem in einer simulierten Umgebung.

Die Lernumgebung liefert den für die Aufgabenbearbeitung nötigen instruktionalen Input als Teil der Geschichte in sehr knapper Form. Im Unterricht kann eine Einbettung in weitergehende Erklärungen sowohl hinsichtlich der Mathematik (Ableitungen von Funktionen, Gradienten) wie auch der Informatik (iterative Verbesserung der Gewichte, Bestimmung der Performanz) erfolgen. Eine Kombination der Lernumgebung mit den anderen Umgebungen zu neuronalen Netzen ist ebenfalls möglich, entweder um als Ausblick die Leistungsfähigkeit künstlicher neuronaler Netze zu erfahren oder um nach einem entsprechenden Einstieg an einem einfachen Beispiel mehr über den Aufbau der Netze zu lernen.

9.2.2   Die Lernumgebung „Tic-Tac-Toe"

Die Lernumgebung zum Verstärkungslernen am Beispiel Tic-Tac-Toe folgt einer Idee von Gardner und Michie (1982), die bereits in den 1970er-Jahren als haptisches Lernmaterial („MENACE") – man spricht dabei heute im Informatik-unterricht auch von „Unplugged"-Methoden (Bell el al., 2015) – vorgeschlagen wurde: Ausgehend von einer Liste aller möglichen Spielsituationen und aller darin jeweils möglichen Züge wählt ein „nichtmenschlicher" Spieler zufällig aus, welcher Zug gespielt werden soll. Führt eine Auswahl zu einer unmittelbaren Niederlage oder gibt es keine möglichen Züge mehr in einer Situation, so wird der letzte auf diese Art gewählte Zug aus der Liste der Möglichkeiten gestrichen. Über eine Reihe von Spielen entwickelt sich anhand dieses einfachen Prinzips ein Spieler, der einfache Spiele bereits perfekt spielen kann. Es existieren für diese Idee auch moderne Umsetzungen für den Informatikunterricht (Opel et al., 2019).[2]

Die Lernumgebung stellt eine Reihe von Aufgaben bereit, die die Grundidee des Lernalgorithmus im Sinne des selbstentdeckenden Lernens nach und nach ent-wickelt. Es ist dabei möglich, die Veränderungen der „Wissensbasis" des künst-lichen Spielers zu beobachten, indem man entweder selbst gegen ihn spielt oder auch einen bereits fertigen Spieler als Gegner einsetzt (Abb. 9.2).

Die Lernumgebung bzw. das darin thematisierte Verfahren erfordert nur wenige informatische oder mathematische Kenntnisse und stellt gleichzeitig ein sehr ein-faches Lernverfahren dar, an dem sich grundlegende Fragen zur KI oder ein Ein-blick außerhalb von Informatikunterricht realisieren lassen.

9.2.3   Die Lernumgebung „MNIST"

Die letzte detaillierter vorgestellte Lernumgebung thematisiert die Leistungsfähig-keit künstlicher neuronaler Netze anhand eines existierenden großen Datensatzes, der z. B. für den Vergleich der Leistungsfähigkeit von KI-Systemen verwendet werden kann.

Basierend auf diesem „MNIST"-Datensatz mit rund 70.000 Bildern von hand-geschriebenen Ziffern wird ein neuronales Netz trainiert, dass als Eingabe ein Bild bekommt und als Ausgabe die Wahrscheinlichkeit dafür ausgibt, dass eine bestimmte Ziffer auf diesem Bild zu erkennen ist. Die Netzstruktur ist dabei deutlich komplexer als in der Lernumgebung zum Perceptron. Es wird hier-bei auf Industrie-typische Netzarchitekturen und Software zurückgegriffen. Eine Visualisierung der Netze oder spezifischer Details ist damit nicht mehr sinnvoll, vielmehr soll die Leistungsfähigkeit der Systeme an einem konkreten Beispiel getestet und damit experimentiert werden können.

---

[2]Auch das von der Deutschen Telekom Stiftung verbreitete Spiel „Mensch Maschine" greift diese Idee auf.

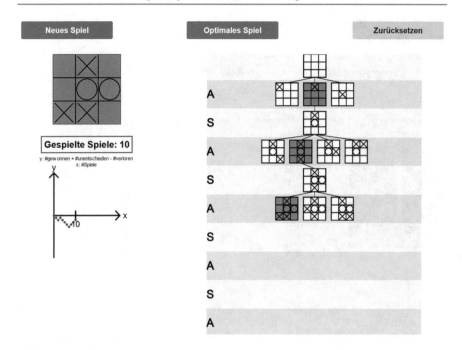

Abb. 9.2 Die Lernumgebung „Tic-Tac-Toe"

Die Lernumgebung ist in zwei Teile aufgeteilt und startet zunächst mit einem fertig trainierten Netz, das man dann durch selbst mit der Maus oder dem Touchpad gezeichnete Ziffern testen kann (Abb. 9.3). Es wird explizit nicht nur die wahrscheinlichste Ziffer, sondern alle Wahrscheinlichkeiten dargestellt, sodass es für die Lernenden möglich ist zu erkennen, dass der Entscheidung oftmals eine deutliche Unsicherheit zugrunde liegt. Auch trifft das Netz, so wie es trainiert wurde, in einigen Fällen falsche Entscheidungen – das liegt unter anderem auch daran, dass die Ziffern aus dem US-amerikanischen Raum stammen und sich damit in einigen Fällen (z. B. bei der Ziffer 4) in der typischen Schreibweise von der deutschen unterscheidet. Drei Aufgaben leiten die Lernenden durch eine systematische Analyse der Performanz dieses Systems, speziell auch im Vergleich zu Menschen. Eine Reflexion über die Bedeutung der Trainingsdaten und damit im weiteren Sinne auch über die Bedeutung von Bias lässt sich außerhalb der gestellten Aufgaben ebenfalls gut mit der Lernumgebung thematisieren.

Im zweiten Teil der Lernumgebung kann das neuronale Netz selbst trainiert werden. Das bedeutet, dass neben einer von mehreren möglichen Netzstrukturen auch einige typische Parameter für das Training gesetzt werden müssen und anschließend einige Zeit vergeht, bis ein fertig trainiertes Netz zur Verfügung steht. Dieses lässt sich wie im ersten Schritt auf seine Genauigkeit hin über-prüfen und auch mit dem eingangs getesteten Netz vergleichen. Auf diese Weise wird der typische Arbeitsprozess des Problemlösens mit Verfahren des

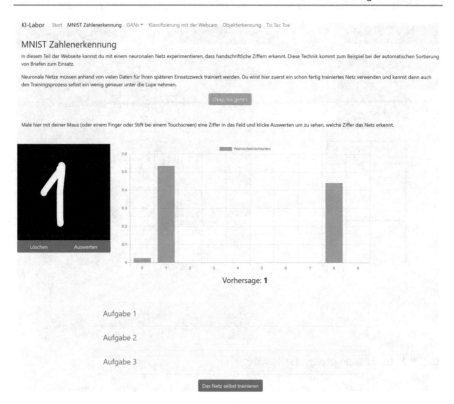

Abb. 9.3 Handschrifterkennung mit neuronalem Netz in der Lernumgebung

maschinellen Lernens – der ggf. mehrfach von der Modellauswahl über die Optimierung des Trainings bis zur Evaluation der Systemgüte führt – an einem realen Datensatz und mit einem komplexen Modell selbst durchlaufen. Allerdings bleibt der Möglichkeitsraum dabei stark eingeschränkt und auch Fragen nach der Datenaufbereitung werden ausgeklammert, um den Fokus nicht auf Details zu verlieren. Die Aufgaben in diesem Teil der Lernumgebung leiten diesen Prozess Schritt für Schritt an und regen abschließend eine Reflexion über die Anpassung der Technologie an andere Eingabedaten an – also einen einfachen Transfer.

Die Lernumgebung enthält, dem oben dargestellten Desiderat folgend, bewusst kein instruktionales Material zur Funktionsweise neuronaler Netze. Diese ist im Schulkontext nicht vollständig thematisierbar und es bleibt damit die Entscheidung der Lehrkraft, in welcher Tiefe sie die gemachten Beobachtungen erklären möchte: Es ist möglich, die Lerneinheit für sich alleine stehend im Sinne eines rein phänomenologischen Zugangs zu verwenden. Durch die Möglichkeiten der Veränderung der Trainingsparameter und die Exploration der so trainierten Systeme wird die Black-Box dennoch geöffnet.

Instruktion kann darüber hinaus natürlich auch durch die Lehrkraft selbst erfolgen oder man greift, für selbst-gesteuertes Lernen von (interessierten) Schülerinnen und Schülern, auf existierendes Online-Lehrmaterial zurück – zum Beispiel das entsprechende Kapitel des kostenlos und in deutscher Sprache verfügbaren Kurses „Elements of AI"[3]. Dort findet sich der theoretische Hintergrund zur Funktionsweise und zum Training neuronaler Netze, auch mit Aufgaben, jedoch ohne die Möglichkeit des Experimentierens.

9.3 Fazit und Ausblick

In diesem Beitrag wurden drei Lernumgebungen für den Bereich des maschinellen Lernens bzw. der künstlichen Intelligenz vorgestellt. Aus den eingangs dargestellten Problemen ergibt sich ein Bedarf an Lehrmaterial, das ein gesellschaftlich relevantes informatisches Thema in verschiedenen fachlichen und außerfachlichen Kontexten unterrichtlich zugänglich macht.

Die vorgestellten Umgebungen leisten das anhand der theoretisch abgeleiteten Anforderungen, die zentral um die Möglichkeiten aktiv mit Systemen zu experimentieren, gestaltet sind. Diese Interaktionsmöglichkeit zielt dabei darauf ab, die Systeme nicht als Blackbox auf einer Anwendungsebene zu sehen, sondern bis zu einem gewissen Grad in das Innere blicken zu können, ohne dabei die dafür notwendigen umfangreichen mathematischen und informatischen Kompetenzen vorauszusetzen. Dennoch ist die Art der Interaktion in den verschiedenen Umgebungen unterschiedlich ausgestaltet – von der konkreten Manipulation von Modellparametern des Perceptrons über die Steuerung von Metaparametern beim Training des künstlichen neuronalen Netzes bis zur Verwendung der Systeme mit der Möglichkeit, Einblicke in die sich verändernden Daten zu gewinnen, etwa bei „Tic-Tac-Toe".

Die Lernumgebungen variieren entlang der Dimension der Steuerung von der durch eine Geschichte stark vorstrukturierten Umgebung „Das Perceptron" über die Umgebung „Tic-Tac-Toe", in der die Aufgaben den Erkenntnisgewinn strukturieren, zur Umgebung „MNIST", in der die Aufgabenreihenfolge lediglich einen Vorschlag darstellt und nur eine grobe Einteilung in zwei verschiedene Bereiche erfolgt.

Ebenso variieren sie daher auch sowohl in der Art der Aufgaben als auch hinsichtlich des Inputs innerhalb der Lernumgebungen. Durch die erarbeitende Struktur der Lernumgebungen „Tic-Tac-Toe" und „Perceptron" werden notwendige Information innerhalb der Lernumgebung präsentiert oder erarbeitet und die Aufgaben verbleiben somit sehr nah am Thema. Bei den anderen Lernumgebungen erfolgt ein phänomenologischer Zugang, der auf Input verzichtet. Daher sind die Aufgaben in diesen Umgebungen offener und beinhalten auch

---

[3] https://course.elementsofai.com/de/.

Elemente der Reflexion bzw. des Transfers. Eine Ergänzung um Input seitens der Lehrkraft oder durch andere, frei verfügbare Materialien ist möglich.

Bisher wurden die Lernumgebungen in ersten Pilotierungen mit Schulklassen eingesetzt. Eine systematische empirische Analyse ihrer Wirksamkeit, speziell auch hinsichtlich der Verwendung in fachfremden Szenarien, und die Ergänzung mit Lehrmaterial aus anderen Quellen müssen aber erst noch erfolgen. Die bisher gesammelte anekdotische Evidenz durch Rückmeldungen der Lehrkräfte weist darauf hin, dass Schülerinnen und Schüler gerne mit den Lernumgebungen arbeiten und diese im Unterricht der angestrebten Zielgruppe und mit der in Schulen vorhandenen Rechnerausstattung sinnvoll eingesetzt werden können.

Literatur

Arbeitskreis „Bildungsstandards SII" der Gesellschaft für Informatik e. V. (2016). Bildungsstandards Informatik für die Sekundarstufe II. *Log in, 36* (183/184).

Bell, T., Witten, I. H., & Fellows, M. (2015). *CS Unplugged. An erichment and extension pogramme for primary-aged students.*

Ben-Ari, M. (1998). Constructivism in Computer Science Education. *ACM SIGCSE Bulletin, 30*(1), 257–261. https://doi.org/10.1145/274790.274308

Burnett, M., Stumpf, S., Macbeth, J., Makri, S., Beckwith, L., Kwan, I. et al. (2016). GenderMag. A method for evaluating software's gender inclusiveness. *Interacting with Computers, 28*(6), 760–787. https://doi.org/10.1093/iwc/iwv046.

Cheryan, S., Master, A., & Meltzoff, A. N. (2015). Cultural stereotypes as gatekeepers. Increasing girls' interest in computer science and engineering by diversifying stereotypes. *Frontiers in psychology, 6,* 49. https://doi.org/10.3389/fpsyg.2015.00049.

Europäische Union. (2018). Empfehlung des Rates vom 22. Mai 2018 zu Schlüsselkompetenzen für lebenslanges Lernen. *Amtsblatt der Europäischen Union* (C189). Zugegriffen: 09. Apr. 2019. Verfügbar unter https://eur-lex.europa.eu/legal-content/EN/TXT/?uri=uriserv:OJ.C_.2018.189.01.0001.01.ENG.

Freeman, S., Eddy, S. L., McDonough, M., Smith, M. K., Okoroafor, N., Jordt, H., et al. (2014). Active learning increases student performance in science, engineering, and mathematics. *Proceedings of the National Academy of Sciences of the United States of America, 111*(23), 8410–8415. https://doi.org/10.1073/pnas.1319030111

Gardner, M., & Michie, D. (1982). *Logic machines and diagrams* (2. Aufl.). Univ. of Chicago Press.

Gesellschaft für Informatik e. V. (Hrsg.). (2021). *Informatik-Monitor.*

Hitron, T., Orlev, Y., Wald, I., Shamir, A., Erel, H., & Zuckerman, O. (2019). Can Children Understand Machine Learning Concepts? In S. Brewster, G. Fitzpatrick, A. L. Cox & V. Kostakos (Hrsg.), *CHI 2019. Proceedings of the 2019 CHI Conference on Human Factors in Computing Systems: May 4–9, 2019, Glasgow, Scotland, UK* (S. 1–11). New York, New York: The Association for Computing Machinery.

Hitron, T., Wald, I., Erel, H. & Zuckerman, O. (2018). Introducing children to machine learning concepts through hands-on experience. In M. N. Giannakos, L. Jaccheri & M. Divitini (Hrsg.), *Proceedings of the 17th ACM Conference on Interaction Design and Children* (S. 563–568). ACM.

Kapur, M. (2015). The preparatory effects of problem solving versus problem posing on learning from instruction. *Learning and Instruction, 39*(2), 23–31. https://doi.org/10.1016/j.learninstruc.2015.05.004

Kolb, D. A. (1984). *Experiential learning: Experience as the source of learning and development.* Prentice Hall.

Kultusminister Konferenz. (2008). *Ländergemeinsame inhaltliche Anforderungen für die Fachwissenschaften und Fachdidaktiken in der Lehrerbildung.* Zugegriffen: 22. Juli 2016. Verfügbar unter https://www.kmk.org/fileadmin/Dateien/veroeffentlichungen_beschluesse/2008/2008_10_16-Fachprofile-Lehrerbildung.pdf.

Mariescu-Istodor, R., & Jormanainen, I. (2019). Machine Learning for High School Students. In P. Ihantola & N. Falkner (Hrsg.), *Proceedings of the 19th Koli Calling International Conference on Computing Education Research - Koli Calling '19* (S. 1–9). ACM Press.

Mazarakis, A., Mühling, A., Peters, I. & Wilke, T. (2019). „Mittendrin statt nur dabei“: KI in der Gesellschaft. In Staatskanzlei Schleswig-Holstein (Hrsg.), *Tagungsband der Veranstaltung am 20. März 2019. Künstliche Intelligenz – Politische Ansätze für eine moderne Gesellschaft* (S. 55–56).

Opel, S., Schlichtig, M., & Schulte, C. (2019). Developing Teaching Materials on Artificial Intelligence by Using a Simulation Game (Work in Progress). In *Proceedings of the 14th Workshop in Primary and Secondary Computing Education. October 23 - 25, 2019, Glasgow, Scotland* (S. 1–2). New York, New York, USA: ACM Press.

Plass, J. L., Homer, B. D., & Kinzer, C. K. (2016). Foundations of game-based learning. *Educational Psychologist, 50*(4), 258–283. https://doi.org/10.1080/00461520.2015.1122533

Rücker, M. T., & Pinkwart, N. (2016). Review and discussion of children's conceptions of computers. *Journal of Science Education and Technology, 25*(2), 274–283. https://doi.org/10.1007/s10956-015-9592-2

Russell, S. J., & Norvig, P. (2016). *Artificial intelligence. A modern approach (Prentice Hall series in artificial intelligence* (3. Aufl.). Prentice Hall.

Schlichtig, M., Opel, S., Budde, L., & Schulte, C. (2019). Understanding Artificial Intelligence - A Project for the Development of Comprehensive Teaching Material (work in progress). In E. Jasutė & S. N. Pozdniakov (Hrsg.), *ISSEP 2019. Proceedings of the 12th International conference on informatics in schools Situation, evaluation and perspectives. 18–20 November 2019, Larnaca, Cyprus* (S. 65–73).

Sinha, T., & Kapur, M. (2021). When Problem Solving Followed by Instruction Works. Evidence for Productive Failure. *Review of Educational Research, 91*(5), 761–798. https://doi.org/10.3102/00346543211019105.

Sulmont, E., Patitsas, E., & Cooperstock, J. R. (2019). What is hard about teaching machine learning to non-majors? Insights from classifying Instructors' learning goals. *ACM Transactions on Computing Education, 19*(4), 1–16. https://doi.org/10.1145/3336124

Williams, R., Park, H. W., & Breazeal, C. (2019). A is for Artificial Intelligence. The impact of artificial intelligence activities on young children's perceptions of Robots. In *Proceedings of the 2019 CHI Conference on Human Factors in Computing Systems* (CHI '19, S. 1–11). New York, NY, USA: Association for Computing Machinery. https://doi.org/10.1145/3290605.3300677.

Formulierung von Gestaltungsprinzipien für schulisch geeignete VR-Lernumgebungen

10

Marc Bastian Rieger⬤, Simeon Wallrath⬤, Alexander Engl⬤ und Björn Risch

Inhaltsverzeichnis

10.1 Lernen in der virtuellen Realität

Virtuelle Realität ist eine computergenerierte, interaktive Welt, die die Nutzenden vollständig umgibt und durch die Ansprache eines oder mehrerer Sinne mittels geeigneter Systeme besonders immersiv erlebt werden kann (Bormann, 1994; Sherman und Craig, 2003).

M. B. Rieger (✉) · S. Wallrath · A. Engl · B. Risch
Institut für naturwissenschaftliche Bildung, Universität Koblenz-Landau, Landau, Deutschland
E-Mail: rieger@uni-landau.de

S. Wallrath
E-Mail: wallrath@uni-landau.de

A. Engl
E-Mail: engl@uni-landau.de

B. Risch
E-Mail: risch@uni-landau.de

© Der/die Autor(en) 2023
J. Roth et al. (Hrsg.), *Die Zukunft des MINT-Lernens – Band 2,*
https://doi.org/10.1007/978-3-662-66133-8_10

Virtuelle Realität (VR) birgt als digitales Medium großes Potenzial für die Weiterentwicklung des MINT-Unterrichts im 21. Jahrhundert. Es gibt allerdings nur wenige Studien darüber, wie die Integration von VR-Elementen im schulischen Alltag gelingen kann (Pellas et al., 2020). VR macht es möglich, Orte und Phänomene nachzubilden, die für das bloße Auge nicht sichtbar oder für den Menschen unzugänglich sind (Huang, 2019). Für Lern- und Bildungsangebote wird VR bisher kaum genutzt (Bitkom, 2021). Herausforderungen wie der große Zeitbedarf, mögliche kognitive Überlastung der Lernenden und ein fehlgeleiteter Aufmerksamkeitsfokus wurden noch nicht hinreichend untersucht (Zender et al., 2018). Die einzelnen Aspekte des Lernens in VR werden beispielsweise von Johnson-Glenberg (2019) allgemein analysiert, allerdings geschieht dies ohne direkten Bezug zum schulischen Unterricht. Um VR-basierte Lernumgebungen für den MINT-Unterricht zu legitimieren, sollten durch sie auch die Kompetenzbereiche gefördert werden. Für den Bereich der Erkenntnisgewinnung könnte dies funktionieren, wenn beispielsweise Experimente und Lernaufgaben in VR gute Kennwerte in Bezug auf Wiedergabetreue und Realismus aufweisen (Pellas et al., 2020). Zudem können immersive Erfahrungen den Wissenserwerb und das Merken und Erkennen von Objekten effektiv unterstützen sowie die Zufriedenheit, das Interesse und den Enthusiasmus der Nutzenden steigern (Pollard et al., 2020). Durch den Einbezug von verschiedenen Sinnen (haptisch, optisch, auditiv und kinästhetisch) kann zudem das konzeptionelle Lernen durch Bewegungen verbessert werden (Johnson-Glenberg et al., 2020). Johnson-Glenberg (2019) formulierte VR-Gestaltungsprinzipien, die auch bei der Konzeption der in Abschn. 10.2 beschriebenen VR-Lernumgebung berücksichtigt wurden:

- Erleichtern Sie die kognitive Anstrengung.
- Verwenden Sie geführte Erkundung.
- Geben Sie sofortiges, umsetzbares Feedback.
- Testen Sie häufig mit der richtigen Gruppe.
- Bauen Sie Gelegenheiten zur Reflexion ein.
- Verwenden Sie die Handsteuerung für aktives, körperbasiertes Lernen.

> Räumliche Präsenz kann als die subjektive Erfahrung eines Nutzenden oder Betrachtenden definiert werden, sich physisch in einem vermittelten Raum zu befinden, obwohl es sich nur um eine Illusion handelt (Hartmann et al., 2015).

Als ein wichtiges Kriterium der VR für den Lernerfolg wird das räumliche Präsenzerleben angesehen (Hofer, 2013). Es steht in Abhängigkeit zur Immersion, welche mit einem objektiven Level an Sensortreue verbunden ist, die ein VR-System generieren kann. Ein hohes Immersionslevel kann die Motivation und das Engagement stärker steigern als ein niedriges (Huang et al., 2020). Wirth et al. (2007) postulieren, dass räumliches Präsenzerleben ein komplexer, andauernder Prozess ist und kein beständiger Zustand. Räumliches Präsenzerleben lässt sich in die zwei Bereiche Selbstlokation und Handlungsmöglichkeiten unterteilen (Wirth et al., 2007).

Selbstlokation: Um die individuelle Position festlegen zu können, sind Informationen der eigenen Bewegung als auch aus der Umwelt notwendig (Barry & Burgess, 2014). Es gibt Hinweise aus den Kognitionswissenschaften, dass Menschen zur Bestimmung der Selbstlokation beide Arten von Informationen nutzen und diese nach Zuverlässigkeit gewichten (Nardini et al., 2008). Daher muss die gewählte VR-Hardware die körpereigenen Bewegungen so präzise wie möglich in der virtuellen Repräsentation wiedergeben. Ebenso müssen die Umweltinformationen aus der VR-Umgebung verlässlich und beständig sein. Bei einer realitätsnahen Umgebung setzt dies eine Umsetzung der uns bekannten Naturgesetze voraus, aber auch die Einhaltung von realitätsnahen Distanzen zwischen Objekten mit realitätsnahen Proportionen.

Handlungsmöglichkeiten: In der Realität sind Interaktionen zwischen Menschen und Objekten allgegenwärtig. In der Virtualität werden Beziehungen und Interaktionen nachgebildet. Greifen, Bewegen etc. steigern die Motivation und tragen mit sofortigem Feedback zum Lernen bei (Tai et al., 2020). Interaktionsmöglichkeiten in VR, wie die freie Erkundung visueller Elemente sowie deren Mobilität, sind zentrale Aspekte für den Wissenserwerb (Pellas et al., 2020). Der Einsatz des Körpers in VR und die damit verbundenen Interaktionen mit der Umwelt tragen beim *Embodied Learning* („verkörpertes Lernen") dazu bei (Johnson-Glenberg, 2019), dass die Lernenden selbst aktiv sind und nicht passiv dabei zusehen, wie von anderen Lerngegenstände verändert werden (Kontra et al., 2015).

10.2 Konzeption einer fächerübergreifenden VR-Lernumgebung

Die in Abschn. 10.1 genannten theoretischen Aspekte wurden bei der Konzeption der fächerübergreifenden Lerneinheit „CO_2-Ausgasung in Fließgewässern" berücksichtigt. Diese kann im Fach Chemie zum Thema „Kohlenstoffkreislauf" im Themenfeld 11 „Stoffe im Fokus von Umwelt und Klima" (MBWWK, 2014) und im Fach Erdkunde zum Thema „Geofaktoren als Lebensgrundlage" im Lernfeld II.1 (MBWWK, 2016) eingesetzt werden. Die Lerneinheit adressiert zudem das Sustainable Development Goal 13 „Maßnahmen zum Klimaschutz" und leistet dabei einen Beitrag zum Unterziel 13.3 im Sinne der Aufklärung und Sensibilisierung im Bereich der Abschwächung des Klimawandels. Inhaltlich thematisieren drei VR-Lernstationen ausgewählte Bereiche des globalen Kohlenstoffkreislaufs mit einer relevanten, aber bisher noch wenig untersuchten Quelle von CO_2 – den Fließgewässern – und einer effizienten Senke von CO_2, nämlich dem Baumwachstum.

Station (1) Messung der CO_2-Ausgasung von Fließgewässern

Fließgewässer gelten als Hotspots der CO_2-Ausgasung (Raymond et al., 2013). Zur quantitativen Bestimmung der Ausgasung wird eine Floating Chamber verwendet, welche aus einer mit einem CO_2- und einem Temperatursensor bestückten Kunststoffschüssel besteht, die mittels einer Poolnudel auf dem Wasser treiben kann und durch Alufolie vor Messfehlern aufgrund variierender Sonneneinstrahlung geschützt wird. Die Floating Chamber deckt beim Aufsetzen auf die Wasseroberfläche den Bereich darunter gasdicht ab, wodurch die CO_2-Konzentrationsänderung im Innenraum gemessen werden kann (Rawitch et al., 2021). Trotz der einfachen Konstruktion liefert diese Messmethode auch für aktuelle umweltwissenschaftliche Forschungsprojekte valide Daten, die per Bluetooth an ein Tablet gesendet und grafisch in Echtzeit aufbereitet werden.

In der VR-Lernumgebung arbeiten die Schülerinnen und Schüler an einem Tisch und erhalten dort automatisiert Erklärvideos zu ihren aktuellen Arbeitsschritten. Diese werden zusätzlich in Textform eingeblendet. Die Teilnehmenden bauen so die Sensoren in die Floating Chamber ein (Abb. 10.1) und platzieren anschließend die schwimmende Apparatur zur Messung der Ausgasung in den Fluss. Zur Deutung des Prozesses auf submikroskopischer Ebene steht die „chemische Lupe" zur Verfügung. Diese ermöglicht eine modellhafte Betrachtung der CO_2-Ausgasung auf Teilchenebene und hebt einen der entscheidenden Vorteile der VR hervor: Unsichtbares lässt sich sichtbar machen.

Station (2) Einflussfaktoren auf die CO_2-Ausgasung in Fließgewässern

Der Eintrag von kohlenstoffhaltigem Material, darunter beispielsweise Totholz als natürliche Quelle, findet zunächst über angrenzende Landflächen sowie durch im Gewässer lebende Pflanzen statt (Bodmer et al., 2016). Der Abbau des Materials durch Mikroorganismen sorgt für eine CO_2-Übersättigung des Fließgewässers (Bodmer et al., 2016). Die Geschwindigkeit, mit der CO_2 an die Luft abgegeben wird, steigt unter anderem durch eine Zunahme der Turbulenz

Abb. 10.1 Zusammenbauen der Floating Chamber in der VR-Umgebung

Abb. 10.2 Wahl des Einflussfaktors (Turbulenz, Pflanzen, Dunkelheit, Totholz) mittels Hebel sowie modellhafte Betrachtung der CO_2-Ausgasung durch die „chemische Lupe"

des Gewässers, beispielsweise durch ein unebenes Flussbett oder eine erhöhte Fließgeschwindigkeit (Vachon et al., 2010). Die tatsächliche Ausgasung ist zudem von der Lichtverfügbarkeit (z. B. Tag-Nacht-Zyklus) abhängig, da ein Teil des ausgasenden CO_2 unmittelbar von fotosynthetisch aktiven Lebewesen (z. B. Pflanzen) fixiert wird, woraus eine nächtliche Zunahme der Ausgasung folgt (Gómez-Gener et al., 2021). In der VR-Lernumgebung können die Schülerinnen und Schüler die Auswirkung der vier genannten Einflussfaktoren im Sinne einer Variablen-kontrollstrategie (hohe oder niedrige Turbulenz, viel oder wenig Pflanzenbewuchs, Dunkelheit oder Tageslicht, viel oder wenig Totholz) auf die CO_2-Ausgasung von Fließgewässern erproben. Der jeweilige Einflussfaktor lässt sich mithilfe eines Hebels hinzuschalten. Zu jeder Einstellung werden Lernaufgaben eingeblendet, die interaktiv beantwortet werden können (Abb. 10.2).

Station (3) CO_2-Speicherkapazität von Bäumen
Bäume gelten als natürliche CO_2-Senken, da sie durch den Prozess der Foto-synthese CO_2 binden. Nach Bastin et al. (2019) könnte durch die Erneuerung natürlicher Wälder der atmosphärische CO_2-Gehalt um 30 % reduziert werden. Von besonderer Bedeutung sind dabei ältere Bäume, da die jährliche Aufnahme von CO_2 im Laufe des Baumwachstums immer weiter zunimmt (Stephenson et al., 2014). Während junge Bäume in den ersten Jahren ihres Wachstums nur wenige Kilogramm Biomasse im Jahr generieren, können alte Bäume jährlich mehrere tausend Kilogramm CO_2 fixieren (Stephenson et al., 2014). In der VR-Lernumgebung lassen die Schülerinnen und Schüler mithilfe einer Simulation einen Baum in 2, 10 oder 50 Jahresschritten wachsen. Auf einem Control-Panel wird dazu passend die Masse des Baumes im jeweiligen Alter angegeben. Die Teilnehmenden erhalten die Aufgabe, die Baummasse und das jeweilige Baum-

Abb. 10.3 Datenauswertung der Baummasse in Abhängigkeit des Baumalters

alter mithilfe von Pins in ein Diagramm zu übertragen, um so die Wachstumskurve des Baums zu visualisieren (Abb. 10.3). Abschließend wird ein Videoausschnitt eingeblendet, indem erklärt wird, wie Baumwachstum und Jahreszeiten die CO_2-Speicherkapazität von Wäldern beeinflussen.

10.3 Evaluation der VR-Lernumgebung im Design-based-Research-Ansatz

Als Forschungsmethode zur Ermittlung von Gestaltungsprinzipen für VR-Lernumgebungen im MINT-Unterricht wurde der Design-based-Research-Ansatz (DBR) gewählt. DBR ermöglicht das iterative Durchlaufen von Designschritten für eine kleinschrittige Bewertung aller erforderlichen Komponenten und Einflüsse des Designs auf das Lernen (Euler, 2014). Ausgangspunkt der DBR-Forschung ist ein relevantes Bildungsproblem, für welches Lösungen zu finden sind (Reinmann, 2017). Im Rahmen des Forschungsprojekts ist das Bildungsproblem die Gestaltung einer immersiven VR-Lernumgebung für den schulpraktischen Alltag.

Zur Lösung des Problems wurde das sechsstufige DBR-Modell nach Euler (2014) verwendet (Abb. 10.4, dunkelgrau markierter Bereich). Dieses Modell wurde mit den Gestaltungshinweisen für VR-Lernumgebungen aus dem Ingenieurwesen nach Vergara et al. (2017) erweitert (Abb. 10.4, hellgrau markierter Bereich). Diese Kombination bildet den Makrozyklus des Projekts, der wiederum in sechs iterative Mikrozyklen unterteilt ist (Abb. 10.5). Die Mikrozyklen ermöglichen die stufenweise Konzeption und Evaluation der VR-Lernumgebung unter Berücksichtigung der Designkriterien „Realismus" (Mikrozyklus 1), „Bewegungsradius" (Mikrozyklus 2), „Geräuschkulisse" (Mikrozyklus 3) und „Handlungsmöglichkeiten" (Mikrozyklus 4–6), die maßgeblich zur geforderten Authentizität

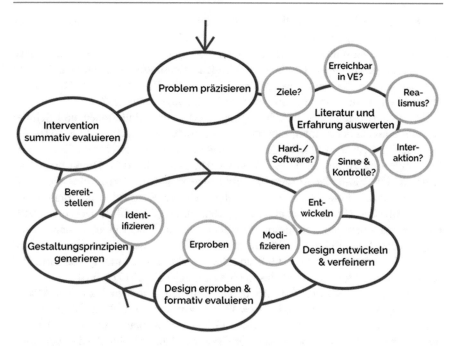

Abb. 10.4 *Makrozyklus nach* Euler (2014) *in dunkelgrau, ergänzt um* Vergara et al. (2017) *in hellgrau*

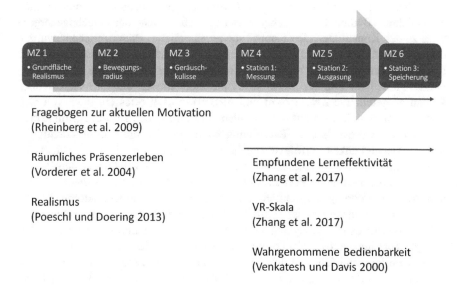

Abb. 10.5 Forschungsablauf mit Mikrozyklen (MZ) und den eingesetzten Skalen

der Umgebung beitragen (Gilbert, 2016). Ziel ist es, im Rahmen des Prozesses Antworten auf folgende Forschungsfragen zu erhalten:

(1) Welche Gestaltungsprinzipien müssen beachtet werden, um eine immersive VR-Lernumgebung zu entwickeln? (2) Welche Erkenntnisse lassen sich aus den Ergebnissen des Designprozesses für das räumliche Präsenzerleben (Handlungsmöglichkeiten und Selbstlokation) sowie die Motivation ableiten?

Zur Beantwortung der Forschungsfragen erhielten Schülerinnen und Schüler aus vier Klassen der zehnten Jahrgangsstufe ($N = 95$, Alter: MW = 15.8, SD = .67, Geschlecht: 51.6 % weiblich) die Möglichkeit, sich jeweils einzeln in der VR-Lernumgebung zu bewegen (vgl. Mikrozyklen 1–6 Abb. 10.5). Direkt nach dem Absetzen der VR-Brille wurden die Probanden in jedem Mikrozyklus dazu aufgefordert, einen Fragebogen zu bearbeiten, der die Konstrukte des räumlichen Präsenzerlebens (Vorderer et al., 2004), Realismus (Poeschl & Doering, 2013) und der aktuellen Motivation sowie ab dem vierten Mikrozyklus zusätzlich die empfundene Lerneffektivität (Zhang et al., 2017), die wahrgenommene Bedienbarkeit (Venkatesh & Davis, 2000) und die subjektive Auswirkung von virtueller Realität auf die Motivation und das Lernen (Zhang et al., 2017) erfasst.

Zwei der vier Klassen ($n = 46$) durchliefen den ersten und zweiten Mikrozyklus, die anderen zwei Klassen ($n = 49$) den zweiten bis sechsten Mikrozyklus. Diese Aufteilung hatte organisatorische Gründe, zum einen, weil die Erhebung durch Schulferien unterbrochen und der Klassenverband anschließend in der Kursstufe aufgelöst wurde, sowie zum anderen, weil im zweiten Mikrozyklus die Probanden in drei Subgruppen aufgeteilt worden sind und so noch eine ausreichend große Stichprobe gewährleistet werden konnte. Im ersten Mikrozyklus wurde der Realismus der Grundfläche untersucht. Die Grundfläche bildete eine der Realität nachempfundene Grünfläche – der Queichpark in Landau – mit realistischen 3D-Objekten (Bäume, Gras, Fließgewässer etc.) ab. Anhand der Fragebogenergebnisse zu den Konstrukten „Realismus" sowie „räumliches Präsenzerleben" wurden beispielsweise die Wasseroberfläche, Licht- und Schattenverhältnisse sowie die Bewegung der Vegetation durch Wind optimiert. Zur Analyse des Bewegungsradius wurden im zweiten Mikrozyklus die vier Klassen auf drei verschiedene Radien aufgeteilt (2×2 m, 4×4 m und 6×6 m), um zu erfassen, inwieweit sich Bewegungsmöglichkeiten auf das räumliche Präsenzerleben auswirken. Im dritten Mikrozyklus wurden in die VR-Lernumgebung mit dem unter Berücksichtigung der Praxistauglichkeit erfolgversprechende Radius von 4×4 m realistische Umgebungsgeräusche implementiert und hinsichtlich des Effekts auf den Realismus sowie das räumliche Präsenzerleben evaluiert. Mit Abschluss dieses Zyklus und der Optimierung hinsichtlich der untersuchten Schlüsselfaktoren ist die grundlegende Konzeption der virtuellen Umgebung abgeschlossen. Schlussendlich wurden in den Mikrozyklen vier bis sechs die drei Lernstationen mit erstmaligen Handlungsmöglichkeiten getestet. Hierbei wurden die Probanden durch Arbeitsaufträge angeleitet in und mit der VR-Lernumgebung zu interagieren, um konkrete Aufgaben zu bearbeiten (vgl. Abschn. 10.2 und Abb. 10.1 bis 10.3). Um das Potenzial der drei Lernstationen sowie deren Gestaltung und Umsetzung zu evaluieren, wurden die empfundene Lerneffektivität (Zhang et al., 2017), die

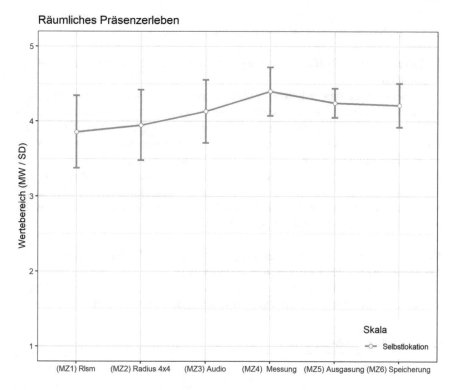

Abb. 10.6 Darstellung der Mittelwerte (MW) und Standardabweichungen (SD) der Skala Selbstlokation. Selbstlokation ist eine Subskala des räumlichen Präsenzerlebens (Vorderer et al., 2004)

wahrgenommene Bedienbarkeit (Venkatesh & Davis, 2000) sowie die subjektive Auswirkung von virtueller Realität auf die Motivation und das Lernen (Zhang et al., 2017) erfragt.

Gestaltungsprinzip 1: Bewegung durch den virtuellen Raum kann als Schlüssel-faktor für eine verbesserte Selbstlokation dienen
Wie der Verlauf der Selbstlokation in Abb. 10.6 zeigt, steigen die Werte mit einem kleinen Effekt signifikant ($F(5,270) = 3.821$, $p = .002$, $\eta_G^2 = .067$) mit Zunahme an verlässlichen Umweltinformationen sowie der Zunahme an Informationen aus der eigenen Bewegung. Das bedeutet, dass ein erhöhter Bewegungsradius von 4×4 m sowie die Ergänzung von ortsbezogenen, realitätsnahen Geräuschen die Selbst-lokation positiv beeinflussen. Der höchste Wert wurde bei der ersten Station im vierten Mikrozyklus erreicht. Hier wurde im Gegensatz zur zweiten und dritten Station zur Bearbeitung der Aufgabe der maximale Bewegungsradius genutzt. Dabei musste selbstständig ein Gegenstand zusammengebaut und transportiert sowie eine realitätsnahe Distanz zwischen dem Tisch mit dem Arbeitszubehör und dem Fluss zurückgelegt werden. Die Gewichtung der Informationen aus Umwelt und eigener Bewegung waren ausreichend hoch und überzeugend genug, um eine hohe Selbst-

lokalisation zu erzeugen, was wiederum zu einem erhöhten räumlichen Präsenzerleben und damit einem möglichen erhöhten Lern- und Trainingseffekt führt.

***Gestaltungsprinzip 2: Handlungsmöglichkeiten beeinflussen das Präsenzerleben
maßgeblich***
Die Ergebnisse zu den Handlungsmöglichkeiten zeigen, dass die gewählten Interaktionen das räumliche Präsenzerleben mit einem mittleren Effekt signifikant
$(F(5,121.01) = 6.84, p < .001, \eta_G^2 = .22)$ beeinflussen (Abb. 10.7). Obwohl bei
den ersten drei Mikrozyklen ohne Controller gearbeitet wird, liegen die Werte
zu den Handlungsmöglichkeiten über dem Skalenmittelwert. Dennoch steigt ab
dem vierten Mikrozyklus der Wert durch die Interaktionen im Rahmen der drei
Stationen nochmals an. Daraus lässt sich schlussfolgern, dass das Design der
Stationen mit seinen realistischen Aktionen überzeugen konnte und so das räumliche Präsenzerleben maßgeblich förderte.

***Gestaltungsprinzip 3: Nutzungshäufigkeit – ein mehrfacher Einsatz von VR-
Lerneinheiten trägt zur Motivationssteigerung bei***
Da Lernen in VR für viele der Probanden ungewohnt ist, könnte ein Neuig-
keitseffekt sich potenziell auf die intrinsische Motivation und das Engagement

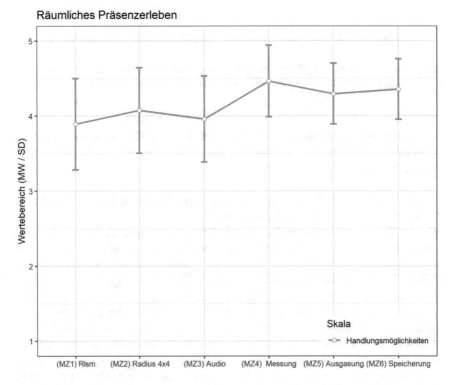

Abb. 10.7 Darstellung der Mittelwerte (MW) und Standardabweichungen (SD) der Skala
Handlungsmöglichkeiten. Handlungsmöglichkeiten sind eine Subskala des räumlichen Präsenzerlebens (Vorderer et al., 2004)

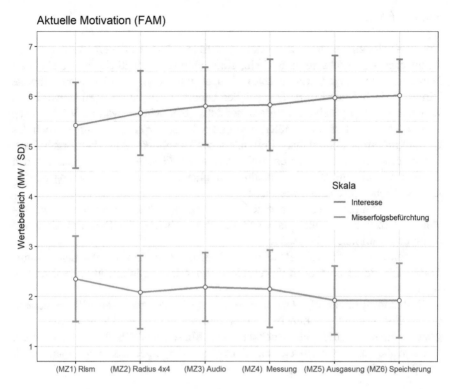

Abb. 10.8 Darstellung der Mittelwerte (MW) und Standardabweichungen (SD) der Subskalen Interesse und Misserfolgsbefürchtung aus dem Fragebogen zur aktuellen Motivation (Rheinberg et al., 2001)

auswirken (Huang et al., 2020). Tritt dieser Effekt auf, wäre die anfängliche Motivation hoch ausgeprägt und würde bei wiederholter Nutzung abnehmen (Jensen & Konradsen, 2018). In einer Studie von Huang et al. (2020) wurde jedoch festgestellt, dass es keinen systematischen oder starken Rückgang der Motivation oder des Engagements gibt, je häufiger die VR-Lernumgebung genutzt wurde. Diese Erkenntnis kann mit den vorliegenden Ergebnissen repliziert werden (Abb. 10.8). Während das Interesse mit einem kleinen Effekt signifikant steigt ($F(5,270) = 2.72$, $p = .021$, $\eta_G^2 = .047$), nimmt die Misserfolgsbefürchtung der Probanden deskriptiv von Mikrozyklus zu Mikrozyklus ab. Diese Tendenz ist jedoch nicht signifikant ($F(5,270) = 1.20$, $p = .31$, $\eta_G^2 = .022$). Die Ergebnisse verdeutlichen, dass der wiederholte Einsatz der konzipierten VR-Lernumgebung nicht vom Neuigkeitseffekt beeinflusst wird.

10.4   Fazit

Um praxistaugliche und kompetenzfördernde VR-Lernumgebungen für den schulischen Unterricht zu entwickeln, sind zahlreiche inhaltliche und technische Hürden zu bewältigen. Evidenzbasierte Designhinweise würden eine wichtige Hilfestellung bei der Konzeption solcher Umgebungen liefern. Daher wurde im Rahmen des vorgestellten Projekts zunächst ein schulrelevanter VR-Prototyp erstellt, im Anschluss mit Schülerinnen und Schülern erprobt und hinsichtlich des Designkriteriums „räumliches Präsenzerleben" evaluiert. Aus den Ergebnissen der empirischen Studie lassen sich allgemeine Gestaltungsprinzipien zu den Bereichen „Selbstlokation", „Handlungsmöglichkeiten" sowie „Nutzungshäufig-keit" ableiten. Diese lauten wie folgt:

Gestaltungsprinzip (1): Ein erhöhter Bewegungsradius sowie die Ergänzung von ortsbezogenen, realitätsnahen Geräuschen erhöhen die Selbstlokation und damit das räumliche Präsenzerleben.

Gestaltungsprinzip (2): Realistische Interaktionen und realitätsnahe Natur-gesetze für die zu nutzenden Gegenstände steigern das räumliche Präsenzerleben signifikant.

Gestaltungsprinzip (3): Durch eine mehrfache Nutzung der VR-Umgebung wurde eine signifikante Zunahme des Interesses mit einem kleinen Effekt fest-gestellt. Ebenso wurde ein Rückgang der Misserfolgsbefürchtung festgestellt, welcher aber nicht signifikant war. Dies stützt die Ergebnisse von Huang et al. (2020).

Literatur

Barry, C., & Burgess, N. (2014). Neural mechanisms of self-location. *Current biology: CB,* *24*(8), R330–R339. https://doi.org/10.1016/j.cub.2014.02.049

Bastin, J.-F., Finegold, Y., Garcia, C., Mollicone, D., Rezende, M., Routh, D., Zohner, C. M., & Crowther, T. W. (2019). The global tree restoration potential. *Science (New York, N.Y.),* *365*(6448), 76–79. https://doi.org/10.1126/science.aax0848

Bitkom (Hrsg.). (2021). *Zukunft der Consumer Technology 2021. Marktentwicklung & Medien-nutzung, Trends & Technologien.* https://www.bitkom-research.de/de/Consumer-Techno-logy-2021

Bodmer, P., Heinz, M., Pusch, M., Singer, G., & Premke, K. (2016). Carbon dynamics and their link to dissolved organic matter quality across contrasting stream ecosystems. *The Science of the total environment, 553,* 574–586. https://doi.org/10.1016/j.scitotenv.2016.02.095

Bormann, S. (1994). *Virtuelle Realität. Genese und Evaluation.* Addison-Wesley.

Euler, D. (2014). Design Research – a paradigm under development. In D. Euler & P. Sloane (Hrsg.), *Zeitschrift für Berufs- und Wirtschaftspädagogik. Design-Based Research* (Bd. 1, S. 15–44). Franz Steiner. https://www.alexandria.unisg.ch/232672/.

Gilbert, S. B. (2016). Perceived realism of virtual environments depends on authenticity. *Presence: Teleoperators and Virtual Environments, 25*(4), 322–324. https://doi.org/10.1162/PRES_a_00276.

Gómez-Gener, L., Rocher-Ros, G., Battin, T., Cohen, M. J., Dalmagro, H. J., Dinsmore, K. J., Drake, T. W., Duvert, C., Enrich-Prast, A., Horgby, Å., Johnson, M. S., Kirk, L., Machado-Silva, F., Marzolf, N. S., McDowell, M. J., McDowell, W. H., Miettinen, H., Ojala, A. K.,

Peter, H., & Sponseller, R. A. (2021). Global carbon dioxide efflux from rivers enhanced by high nocturnal emissions. *Nature Geoscience, 14*(5), 289–294. https://doi.org/10.1038/s41561-021-00722-3

Hartmann, T., Wirth, W., Vorderer, P., Klimmt, C., Schramm, H., & Böcking, S. (2015). spatial presence theory: State of the art and challenges ahead. In M. Lombard, F. Biocca, J. Freeman, W. IJsselsteijn & R. J. Schaevitz (Hrsg.), *Immersed in Media: Telepresence Theory, Measurement & Technology* (S. 115–135). Springer International Publishing. https://doi.org/10.1007/978-3-319-10190-3_7.

Hofer, M. (2013). Präsenzerleben und Transportation. In W. Schweiger & A. Fahr (Hrsg.), *Handbuch Medienwirkungsforschung* (S. 279–294). Springer. https://www.zora.uzh.ch/id/eprint/86247/.

Huang, W. (2019). Examining the impact of head-mounted display virtual reality on the science self-efficacy of high schoolers. *Interactive Learning Environments, 30*(1), 100–112. https://doi.org/10.1080/10494820.2019.1641525

Huang, W., Roscoe, R. D., Johnson-Glenberg, M. C., & Craig, S. D. (2020). Motivation, engagement, and performance across multiple virtual reality sessions and levels of immersion. *Journal of Computer Assisted Learning, 37*(3), 745–758. https://doi.org/10.1111/jcal.12520

Jensen, L., & Konradsen, F. (2018). A review of the use of virtual reality head-mounted displays in education and training. *Education and Information Technologies, 23*(4), 1515–1529. https://doi.org/10.1007/s10639-017-9676-0

Johnson-Glenberg, M. C. (2019). The necessary nine: Design principles for embodied vr and active stem education. In P. Díaz, A. Ioannou, K. K. Bhagat & J. M. Spector (Hrsg.), *Smart Computing and Intelligence. Learning in a Digital World* (Bd. 70, S. 83–112). Springer Singapore. https://doi.org/10.1007/978-981-13-8265-9_5.

Johnson-Glenberg, M. C., Ly, V., Su, M., Zavala, R. N., Bartolomeo, H., & Kalina, E. (2020). Embodied Agentic STEM Education: Effects of 3D VR Compared to 2D PC. In D. Economou (Hrsg.), *Proceedings of 6th International Conference of the Immersive Learning Research Network (iLRN 2020): Date and venue: June 21–25, 2020. online* (S. 24–30). IEEE. https://doi.org/10.23919/iLRN47897.2020.9155155.

Kontra, C., Lyons, D. J., Fischer, S. M., & Beilock, S. L. (2015). Physical experience enhances science learning. *Psychological science, 26*(6), 737–749. https://doi.org/10.1177/0956797615569355

MBWWK (2014). *Ministerium für Bildung, Wissenschaft, Weiterbildung und Kultur* (2014). Lehrpläne für die naturwissenschaftlichen Fächer für die weiterführenden Schulen in Rheinland-Pfalz.

MBWWK (2016). *Ministerium für Bildung, Wissenschaft, Weiterbildung und Kultur* (2016). Lehrplan für die gesellschaftswissenschaftlichen Fächer in Rheinland-Pfalz.

Nardini, M., Jones, P., Bedford, R., & Braddick, O. (2008). Development of cue integration in human navigation. *Current biology : CB, 18*(9), 689–693. https://doi.org/10.1016/j.cub.2008.04.021

Pellas, N., Dengel, A., & Christopoulos, A. (2020). A Scoping Review of Immersive Virtual Reality in STEM Education. *IEEE Transactions on Learning Technologies, 13*(4), 748–761. https://doi.org/10.1109/TLT.2020.3019405

Poeschl, S., & Doering, N. (2013). The German VR Simulation Realism Scale – Psychometric Construction for Virtual Reality Applications with Virtual Humans. *Studies in health technology and informatics, 191*, 33–37.

Pollard, K. A., Oiknine, A. H., Files, B. T., Sinatra, A. M., Patton, D., Ericson, M., Thomas, J., & Khooshabeh, P. (2020). Level of immersion affects spatial learning in virtual environments: Results of a three-condition within-subjects study with long intersession intervals. *Virtual Reality, 24*(4), 783–796. https://doi.org/10.1007/s10055-019-00411-y

Raymond, P. A., Hartmann, J., Lauerwald, R., Sobek, S., McDonald, C., Hoover, M., Butman, D., Striegl, R., Mayorga, E., Humborg, C., Kortelainen, P., Dürr, H., Meybeck, M., Ciais, P.,

& Guth, P. (2013). Global carbon dioxide emissions from inland waters. *Nature, 503*(7476), 355–359. https://doi.org/10.1038/nature12760

Rawitch, M. J., Macpherson, G. L., & Brookfield, A. E. (2021). The validity of floating chambers in quantifying CO2 flux from headwater streams. *Journal of Water and Climate Change, 12*(2), 453–468. https://doi.org/10.2166/wcc.2020.199

Reinmann, G. (2017). Design-based Research. In D. Schemme & H. Novak (Hrsg.), *Gestaltungsorientierte Forschung – Basis für soziale Innovationen. Erprobte Ansätze im Zusammenwirken von Wissenschaft und Praxis* (S. 49–61). Bertelsmann.

Rheinberg, F., Vollmeyer, R., & Burns, B. D. (2001). FAM: Ein Fragebogen zur Erfassung aktueller Motivation in Lern- und Leistungssituationen. *Diagnostica, 47*(2), 57–66. https://doi.org/10.1026//0012-1924.47.2.57

Sherman, W. R., & Craig, A. B. (2003). *Understanding virtual reality. interface, application and design.* Morgan Kaufmann Publishers

Stephenson, N. L., Das, A. J., Condit, R., Russo, S. E., Baker, P. J., Beckman, N. G., Coomes, D. A., Lines, E. R., Morris, W. K., Rüger, N., Álvarez, E., Blundo, C., Bunyavejchewin, S., Chuyong, G., Davies, S. J., Duque, Á., Ewango, C. N., Flores, O., Franklin, J. F., & Zavala, M. A. (2014). Rate of tree carbon accumulation increases continuously with tree size. *Nature, 507*(7490), 90–93. https://doi.org/10.1038/nature12914

Tai, T.-Y., Chen, H.H.-J., & Todd, G. (2020). The impact of a virtual reality app on adolescent EFL learners' vocabulary learning. *Computer Assisted Language Learning, 66*(6), 1–26. https://doi.org/10.1080/09588221.2020.1752735

Vachon, D., Prairie, Y. T., & Cole, J. J. (2010). The relationship between near-surface turbulence and gas transfer velocity in freshwater systems and its implications for floating chamber measurements of gas exchange. *Limnology and Oceanography, 55*(4), 1723–1732. https://doi.org/10.4319/lo.2010.55.4.1723

Venkatesh, V., & Davis, F. D. (2000). A theoretical extension of the technology acceptance model: Four longitudinal field studies. *Management Science, 46*(2), 186–204. https://doi.org/10.1287/mnsc.46.2.186.11926

Vergara, D., Rubio, M., & Lorenzo, M. (2017). On the design of virtual reality learning environments in engineering. *Multimodal Technologies and Interaction, 1*(2), 11. https://doi.org/10.3390/mti1020011

Vorderer, P., Wirth, W., Gouveia, F. R., Biocca, F., Saari, T., Jäncke, F., Böcking, S., Schramm, H., Gysbers, A., Hartmann, T., Klimmt, C., Laarni, J., Ravaja, N., Sacau, A., Baumgartner, T., & Jäncke, P. (2004). *MEC Spatial Presence Questionnaire (MECSPQ): Short documentation and instructions for application. report to the european community, project presence: MEC* (IST-2001-37661). Online. Available from http://www.ijk.hmt-hannover.de/presence.

Wirth, W., Hartmann, T., Böcking, S., Vorderer, P., Klimmt, C., Schramm, H., Saari, T., Laarni, J., Ravaja, N., Gouveia, F. R., Biocca, F., Sacau, A., Jäncke, L., Baumgartner, T., & Jäncke, P. (2007). A Process Model of the Formation of Spatial Presence Experiences. *Media Psychology, 9*(3), 493–525. https://doi.org/10.1080/15213260701283079

Zender, R., Weise, M., von der Heyde, M., & Söbke, H., (2018). Chancen und Herausforderungen beim Lernen und Lehren mit VR/AR-Technologien. In D. Krömker & U. Schroeder (Hrsg.), *DeLFI 2018 – Die 16. E-Learning Fachtagung Informatik* (S. 275–276). Gesellschaft für Informatik e. V.

Zhang, X., Jiang, S., Ordóñez de Pablos, P., Lytras, M. D., & Sun, Y. (2017). How virtual reality affects perceived learning effectiveness: A task–technology fit perspective. *Behaviour & Information Technology, 36*(5), 548–556. https://doi.org/10.1080/0144929X.2016.1268647

Glossar

Augmented Reality Unter Augmented Reality versteht man üblicherweise
Applikationen, die Visualisierungen in eine real vorhandene Räumlichkeit projizieren. Zum Beispiel können durch die Vermessung einer realen
Umgebung durch eine Kamera virtuelle Objekte auf einem Display über
dieses Realbild verortet und projiziert und dieses dadurch „angereichert"
werden (Milgram et al., 1995).

Computational Thinking Computational Thinking bezieht sich auf die Fähigkeit
einer Person, Aspekte realweltlicher Probleme zu identifizieren, die für eine
(informatische) Modellierung geeignet sind, algorithmische Lösungen für diese
(Teil-)Probleme zu bewerten und selbst so zu entwickeln, dass diese Lösungen
mit einem Computer operationalisiert werden können. Die Modellierungs-
und Problemlösungsprozesse sind dabei von einer Programmiersprache
unabhängig (Fraillon et al., 2019).

Critical Thinking Critical Thinking beruht auf einer Haltung, die auf den
„kritischen Rationalismus" zurückgeht. Es wird beschrieben als „reasonable
and reflective thinking focused on deciding what to believe or to do". Neben
Fähigkeiten aus dem Bereich der Logik und der Erkenntnisgewinnung spielen
dabei auch das Bewerten und Gewichten von Informationen und Quellen, das
begründete Urteilen und das Bewusstmachen möglicher eigener kognitiver
Fehlschlüsse eine Rolle (Popper, 1997; Ennis, 2011; Roth et al. (Kap. 1 in Band
1); Andersen et al. (Kap. 2 in Band 1)).

DigCompEdu Der Europäische Rahmen für die Digitale Kompetenz von
Lehrenden beschreibt in sechs Bereichen die professionsspezifischen
Kompetenzen, über die Lehrende zum Umgang mit digitalen Technologien
verfügen sollten. Die Bereiche umfassen die Nutzung digitaler Technologien im
beruflichen Umfeld (z. B. zur Zusammenarbeit mit anderen Lehrenden) und die
Förderung der digitalen Kompetenz der Lernenden. Kern des DigCompEdu-
Rahmens bildet der gezielte Einsatz digitaler Technologien zur Vorbereitung,
Durchführung und Nachbereitung von Unterricht (Redecker, 2017).

© Der/die Herausgeber bzw. der/die Autor(en) 2023
J. Roth et al. (Hrsg.), *Die Zukunft des MINT-Lernens – Band 2,*
https://doi.org/10.1007/978-3-662-66133-8

Digitale Kompetenz Digitale Kompetenz umfasst die sichere, kritische und verantwortungsvolle Nutzung von und Auseinandersetzung mit digitalen Technologien für die allgemeine und berufliche Bildung, die Arbeit und die Teilhabe an der Gesellschaft. Sie erstreckt sich auf Informations- und Datenkompetenz, Kommunikation und Zusammenarbeit, Medienkompetenz, die Erstellung digitaler Inhalte (einschließlich Programmieren), Sicherheit (einschließlich digitalen Wohlergehens und Kompetenzen in Verbindung mit Cybersicherheit), Urheberrechtsfragen, Problemlösung und kritisches Denken (Rat der Europäischen Union 2018).

Digitale Lernumgebung Digitale Lernumgebungen bilden eine Teilmenge der Lernumgebungen. Eine digitale Lernumgebung konstituiert sich bereits dann, wenn eine Lernumgebung von Lernenden interaktiv nutzbare computerbasierte Elemente (z. B. Applets) enthält, die aus fachdidaktischer Perspektive einen essenziellen Beitrag zum Lernerfolg liefern (Roth et al. (Kap. 1 in Band 1)).

Digitale Technologien Digitale Technologien werden als Sammelbezeichnung für technische Geräte (Hardware), die darauf befindlichen digitalen Inhalte (Software) sowie für Kombinationen aus beiden verwendet (Roth et al. (Kap. 1 in Band 1)).

Digitale Werkzeuge Digitale Werkzeuge sind im Sinne der MINT-Didaktiken konkrete digitale Anwendungen und technische Geräte, deren interaktive Funktionalität gezielt dazu eingesetzt wird, um den Kompetenzerwerb bei Lernenden zu fördern und den Prozess der Erkenntnisgewinnung zu unterstützen (Roth et al. (Kap. 1 in Band 1)).

Dissemination Mit dem Begriff Dissemination wird eine das Gesamtsystem betreffende, geplante und gesteuerte Maßnahme zur Verbreitung einer Innovation beschrieben (Jäger, 2004).

Flipped Classroom Im Flipped Classroom werden den Schülerinnen und Schülern vor dem Unterricht Videos oder digitale Lernumgebungen zur Verfügung gestellt, um das Lernmaterial kennenzulernen. Darüber hinaus haben die am Flipped Classroom beteiligten Schülerinnen und Schüler die Möglichkeit, vor oder zu Beginn des Unterrichts z. B. Aufgaben oder Quizfragen zu lösen. Im Unterricht werden die Fragen der Schülerinnen und Schüler beantwortet und es wird ihnen die Möglichkeit gegeben, das vor dem Unterricht gelernte Wissen gemeinsam zu üben und anzuwenden (Al-Samarraie et al., 2019).

Forschend-entdeckendes Lernen Forschend-entdeckendes Lernen bezeichnet Vermittlungsansätze, bei denen im Kontext eigenständiger wissenschaftlicher Untersuchungen fachliche Inhalte erarbeitet und zugleich experimentelle Kompetenzen aufgebaut werden. Diese lernendenzentrierten Ansätze werden als förderlich für die Entwicklung komplexer kognitiver Fähigkeiten, wie z. B. Problemlösen, angesehen. Im englischsprachigen und internationalen

Bildungskontext sind sie unter dem Begriff *Inquiry-based Learning* weitverbreitet (Abrams et al., 2008; Roth et al. (Kap. 1 in Band 1)).

Gamification Gamification (bzw. Gamifizierung) bezeichnet den gezielten Einsatz von ursprünglich aus dem Bereich der Videospielindustrie stammenden Elementen in anderen Kontexten (bspw. der Bildung, der Erziehung, dem Gesundheitswesen u. v. m.). Im Bildungskontext wird Gamification im engeren Sinne beschrieben als Satz von Aktivitäten und Prozessen, die unter Nutzung der Charakteristika von "Game"-Elementen zum Lösen von Problemen angewendet werden. Darunter fallen beispielsweise Elemente wie Punkte- und Levelsysteme, virtuelle Belohnungen und Auszeichnungen wie Badges, Tutorials sowie Möglichkeiten zur sozialen Interaktion (Detering et al. 2011; Kim et al., 2018).

Immersion Der Begriff Immersion beschreibt das Eintauchen in mediale Inhalte. Dabei kann sie sowohl mental als auch physikalisch hervorgerufen werden. Die mentale Immersion beschreibt einen Zustand, in dem man sich tief in eine Handlung hineinversetzt und ein tiefes Engagement empfindet, hoch involviert und bereit ist, Fiktion zu akzeptieren. Physikalische Immersion beschreibt das körperliche Eintauchen in einen Inhalt bzw. eine virtuelle Welt. Eine hohe physikalische Immersion entsteht, wenn Ein- und Ausgabegeräte genutzt werden, die möglichst viele Sinne des Anwenders auf eine reale Art und Weise ansprechen (Bowman & McMahan, 2007; Dörner 2014).

Interesse Interesse kennzeichnet allgemein die Beziehung einer Person zu einem Gegenstand. Es wird untergliedert in individuelles bzw. situationales/aktuelles Interesse: *Individuelles Interesse* ist eine zeitlich relativ stabile endogene Gegenstandspräferenz. *Situationales/aktuelles Interesse* bezeichnet einen einmaligen motivationalen Zustand, bei dem es um die anfängliche Zuwendung zu einem Gegenstand geht, der die Aufmerksamkeit der Person durch seine Interessantheit auf sich zieht (Hidi et al., 2004).

Kompetenz Kompetenz bzw. kompetentes Verhalten fußt auf zugrunde liegenden latenten kognitiven und affektiv-motivationalen Dispositionen sowie situationsspezifischen Fähigkeiten und wird sichtbar in domänenspezifischer Performanz, sprich dem beobachtbaren Verhalten (Blömeke et al., 2015).

Künstliche Intelligenz Künstliche Intelligenz (KI) ist eine disruptive Technologie, die unter Rückgriff auf große Datenmengen menschenähnliche Wahrnehmungs- und Verstandesleistungen simulieren kann. Dieses „intelligente" Verhalten drückt sich u. a. in Formen von Mustererkennung, logischem Schlussfolgern, selbstständigem Lernen und eigenständiger Problemlösung aus (de Witt & Leineweber, 2020; Zawacki-Richter et al., 2019).

Künstliches neuronales Netz Ein künstliches neuronales Netzwerk beschreibt eine Struktur von verknüpften Knoten. In dieser Struktur werden drei verschiedene Schichten unterschieden. Es gibt den *Input Layer,* darauffolgend ein oder mehrere *Hidden Layer* und abschließend einen *Output Layer.* Jede Einheit besitzt verschiedene Gewichte, mit denen die Daten verarbeitet werden. Die Gewichte der Knoten werden durch ein Training mit menschen- oder computergenerierten Daten ermittelt (Kröse & van der Smagt, 1996).

Lernumgebung Lernumgebungen bilden den Rahmen für das selbstständige Arbeiten von Lerngruppen oder individuell Lernenden. Sie organisieren und regulieren den Lernprozess über Impulse, wie z. B. Arbeitsanweisungen (Roth et al. (Kap. 1 in Band 1)).

Maschinelles Lernen Maschinelles Lernen ist ein interdisziplinäres Teilgebiet der künstlichen Intelligenz. Es beschäftigt sich mit der Entwicklung von (oft statistischen) Modellen und Algorithmen, die mithilfe von menschen- oder computergenerierten Daten erzeugt (trainiert) werden. Die Modelle, etwa ein künstliches neuronales Netz, können dann in konkreten Situationen auf unbekannten Daten angewendet werden. Man unterscheidet zwischen überwachtem, unüberwachtem und Verstärkungslernen (Russel & Norvig 2016).

Open Educational Resources (OER) Open Educational Resources (OER) sind Lehr-, Lern- und Forschungsressourcen in Form jeden Mediums, digital oder anderweitig, die gemeinfrei sind oder unter einer offenen Lizenz veröffentlicht wurden, welche den kostenlosen Zugang sowie die kostenlose Nutzung, Bearbeitung und Weiterverbreitung durch andere ohne oder mit geringfügigen Einschränkungen erlaubt. Das Prinzip der offenen Lizenzierung bewegt sich innerhalb des bestehenden Rahmens des Urheberrechts, wie er durch einschlägige internationale Abkommen festgelegt ist, und respektiert die Urheberschaft an einem Werk (UNESCO, 2012).

Präsenz Präsenz in virtuellen Welten beschreibt die subjektive Illusion einer Person, sich direkt innerhalb einer virtuellen Umgebung zu befinden, obwohl sie sich selbst in einem komplett anderen realen Raum befindet. Der Eindruck der Präsenz hängt vom Grad der Immersion ab und lässt sich als Anzeichen für die Echtheit der Simulation sehen (Skarbez et al., 2017; Slater et al., 1996).

Problem Ein *Problem* beschreibt eine Situation, in der eine Person einen angestrebten Zielzustand nicht mithilfe routinierter Denk- oder Handlungsprozesse erreichen kann. Es besteht eine sogenannte Barriere bzw. ein Hindernis für die Erreichung des Ziels (Betsch et al., 2011; Mayer, 2007).

Problemlösen Als *Problemlösen* beschreibt man die kognitive Aktivität, die zum Überwinden eines Hindernisses und damit zum erfolgreichen Erreichen des angestrebten Ziels nötig ist (Betsch et al., 2011; Mayer, 2007).

Räumliches Präsenzerleben Räumliche Präsenz kann als die subjektive Erfahrung eines Nutzers oder Betrachters definiert werden, sich physisch in einem vermittelten Raum zu befinden, obwohl es sich nur um eine Illusion handelt (Hartmann et al., 2015).

Selbstkonzept Selbstkonzept ist die Wahrnehmung und Einschätzung eigener Fähigkeiten und Eigenschaften. Das Selbstkonzept stellt eine subjektive mentale Repräsentation der eigenen Fähigkeiten dar (Hasselhorn & Gold, 2017).

Selbstwirksamkeitserwartung Selbstwirksamkeitserwartung ist die subjektiv empfundene Wahrscheinlichkeit, eine neue oder schwierige Situation aufgrund eigener Fähigkeiten meistern zu können (Bandura, 1997).

TPACK-Modell Das TPACK-Modell (Technological Pedagogical Content Knowledge) ist ein Ordnungsrahmen für das seitens einer Lehrkraft benötigte Professionswissen, um digitale Technologien lernzielorientiert, effizient und didaktisch begründet in den Unterricht zu integrieren. Das Modell basiert auf einer Ergänzung des Professionswissens nach Shulman (1986) um das technologische Wissen (TK) und die drei dadurch resultierenden Schnittmengen mit pädagogischem (PK), fachlichem (CK) und fachdidaktischem (PCK) Wissen. Anstelle einer Fokussierung auf rein technologisches Wissen gehen die Autoren davon aus, dass alle drei Wissensbereiche (PK, CK, TK) in Verbindung gebracht werden müssen, um zielgerichtetes Lernen mit digitalen Technologien zu ermöglichen (TPACK; Mishra & Koehler, 2006; Shulman, 1986).

Tracing Tracing beschreibt eine schrittweise, gedankliche Ausführung eines konkreten Programmablaufs und die Fähigkeit, die Auswirkung eines Programmschritts, insbesondere den nächsten auszuführenden Schritt, bestimmen zu können (Perkins et al., 1986).

Usability Usability ist nach der DIN EN ISO 9241 das Ausmaß, in dem ein technisches System durch bestimmte Nutzerinnen und Nutzer in einem bestimmten Nutzungskontext verwendet werden kann, um bestimmte Ziele effektiv, effizient und zufriedenstellend zu erreichen (Sarodnick & Brau, 2016, S. 20).

Usability-Evaluation Bewertung von Systemen hinsichtlich ihrer Gebrauchstauglichkeit. Es wird unterschieden in formative und summative Usability-Evaluation: Die *formative Usability-Evaluation* erfolgt prozessbegleitend (z. B. das Testen von Prototypen) und dient der Verbesserung der Entwicklung. Die *summative Usability-Evaluation* bezeichnet eine finale Evaluation am Ende und soll die gesamte Entwicklung bewerten (Sarodnick & Brau, 2016, S. 20).

Virtual Reality Virtuelle Realität ist eine computergenerierte, interaktive Welt, die den Nutzer vollständig umgibt und durch die Ansprache eines oder mehrerer Sinne mittels geeigneter Systeme besonders immersiv erlebt werden kann (Bormann, 1994; Sherman & Craig, 2003).

Virtuelle Welt Eine virtuelle Welt ist ein künstlich erzeugter Raum. Dieser Raum umfasst eine Sammlung von Objekten, die Beziehungen dieser Objekte untereinander sowie die Regeln und Gesetze, die für diese Objekte gelten (Sherman & Craig, 2003).

Literatur

Abrams, E., Southerland, S. A., & Silva, P. C. (2008). *Inquiry in the classroom: Realities and opportunities*. IAP.

Al-Samarraie, H., Shamsuddin, A., & Alzahrani, A. I. (2019). A flipped classroom model in higher education: A review of the evidence across disciplines. *Educational Technology Research and Development, 68,* 1–35.

Bandura, A. (1997). *Self-efficacy: The exercise of control*. W.H. Freeman and Company.

Betsch, T., Funke, J., & Plessner, H. (2011). *Denken – Urteilen, Entscheiden, Problemlösen*. Springer.

Blömeke, S., Gustafsson, J.-E., & Shavelson, R. J. (2015). Beyond Dichotomies – Competence Viewed as a Continuum. *Zeitschrift für Psychologie, 223*(1), 3–13.

Bormann, S. (1994). *Virtuelle Realität. Genese und Evaluation*. Addison-Wesley.

Bowman, D. A., & McMahan, R. P. (2007). Virtual reality: How much immersion is enough? *Computer, 40*(7), 36–43.

Deterding, S., Dixon, D., Khaled, R., & Nacke, L. (2011). From Game Design Elements to Gamefulness: Defining „Gamification". *MindTrek '11 Proceedings of the 15th International Academic MindTrek Conference: Envisioning Future Media Environments, Tampere, Finland, ACM New York, NY, USA ©2011.*

de Witt, C., & Leineweber, C. (2020). Zur Bedeutung des Nichtwissens und die Suche nach Problemlösungen. Bildungstheoretische Überlegungen zur Künstlichen Intelligenz. *MedienPädagogik, 39*(Orientierungen), 32–47. https://doi.org/10.21240/mpaed/39/2020.12.03.X.

Dörner, R., Broll, W., Grimm, P., & Jung, B. (Hrsg.) (2014). *Virtual und Augmented Reality (VR/AR). Grundlagen und Methoden der Virtuellen und Augmentierten Realität*. Springer.

Ennis, R. H. (2011b). The nature of critical thinking: An outline of critical thinking dispositions and abilities. In *Sixth International Conference on Thinking, Cambridge, MA* (S. 1– 8). Online erhältlich unter https://education.illinois.edu/docs/default-source/faculty-documents/robert-ennis/thenatureofcriticalthinking_51711_000.pdf. (abgerufen am 22.11.2021).

Fraillon, J., Ainley, J., Schulz, W., Duckworth, D., Friedman, T. (2019). Computational thinking framework. In *IEA international computer and information literacy study 2018 assessment framework*. Springer. https://doi.org/10.1007/978-3-030-19389-8_3

Hartmann, T., Wirth, W., Vorderer, P., Klimmt, C., Schramm, H., & Böcking, S. (2015). Spatial presence theory: State of the art and challenges ahead. In M. Lombard, F. Biocca, J. Freeman, W. A. Ijsselsteijn, & R. J. Schaevitz (Hrsg.), *Immersed in media. Telepresence theory, measurement & technology* (S. 115–135). Springer.

Hasselhorn, M., & Gold, A. (2017). *Pädagogische Psychologie: Erfolgreiches Lernen und Lehren* (4., aktualisierte Auflage). Verlag W. Kohlhammer.

Hidi, S., Renninger, K. A., & Krapp, A. (2004). Interest, a motivational variable that combines affective and cognitive functioning. In D. Y. Dai & R. J. Sternberg (Hrsg.), *Motivation, emotion, and cognition: Integrative perspectives on intellectual functioning and development* (S. 89–115). Lawrence Erlbaum Associates Publishers.

Jäger, M. (2004). *Transfer in Schulentwicklungsprojekten.* VS. https://doi.org/10.1007/978-3-322-83388-4

Kim, S., Song, K., Lockee, B., & Burton, J. (2018). *Gamification in Learning and Education. Enjoy Learning Like Gaming* (S. 164). Springer.

Kröse, B., & van der Smagt, P. (1996). *An introduction to neural networks* (8th edn.). The University of Amsterdam.

Mayer, J. (2007). Erkenntnisgewinnung als wissenschaftliches Problemlösen. In D. Krüger & H. Vogt (Hrsg.), *Theorien in der biologiedidaktischen Forschung: Ein Handbuch für Lehramtsstudenten und Doktoranden* (S. 177–186). Springer.

Milgram, P., Takemura, H., Utsumi, A., & Kishino, F. (1995). *Augmented reality: A class of displays on the reality-virtuality continuum. Telemanipulator and telepresence technologies* (Vol. 2351, S. 282–292). International Society for Optics and Photonics.

Mishra, P., & Koehler, M. J. (2006). Technological pedagogical content knowledge: A framework for teacher knowledge. In *Teachers college record* (Bd. 108, Nr. 6, 2006, S. 1017–1054).

Perkins, D. N., Hancock, C., Hobbs, R., Martin, F., & Simmons, R. (1986). Conditions of learning in novice programmers. *Journal of Educational Computing Research, 2*(1), 37–55. https://doi.org/10.2190/GUJT-JCBJ-Q6QU-Q9PL

Popper, K. R. (1997). *Karl Popper Lesebuch: Ausgewählte Texte zur Erkenntnistheorie, Philosophie der Naturwissenschaften, Metaphysik, Sozialphilosophie.* (2. Aufl.). UTB.

Rat der Europäischen Union. (2018). *Empfehlung zu Schlüsselkompetenzen für lebenslanges Lernen. Amtsblatt der Europäischen Union C 189/1–13.* https://eur-lex.europa.eu/legal-content/DE/TXT/PDF/?uri=CELEX:32018H0604(01). Abgerufen am 27.06.2022.

Redecker, C. (2017). European framework for the digital competence of educators: DigCompEdu. In Y. Punie (ed.), *EUR 28775 EN. Publications Office of the European Union, Luxembourg.* ISBN 978-92-79-73494-6. https://doi.org/10.2760/159770, JRC107466.

Russell, S. J., & Norvig, P. (2016). *Artificial intelligence. A modern approach* (3. Aufl.). Prentice Hall (Prentice Hall series in artificial intelligence).

Sarodnick, F., & Brau, H. (2016). *Methoden der Usability Evaluation. Wissenschaftliche Grundlagen und praktische Anwendung* (3. Aufl.). Hogrefe.

Sherman, W. R., & Craig, A. B. (2003). *Understanding virtual reality. Interface, application and design.* Morgan Kaufmann Publishers.

Shulman, L. S. (1986). Those who understand: Knowledge growth in teaching. *Educational Researcher, 15*(2), 4–14.

Skarbez, R., Brooks, F. P. Jr., & Whitton, M. C. (2017). A survey of presence and related concepts. *ACM Computing Surveys, 50*(6). https://doi.org/10.1145/3134301

Slater, M., Linakis, V., Usoh, M., & Kooper, R. (1996). Immersion, presence, and performance in virtual environments: An experiment with tridimensional chess. In *ACM Virtual Reality Software and Technology (VRST)* (S. 163–172). https://doi.org/10.1145/3304181.3304216

UNESCO. (2012). *Paris OER Declaration.* http://www.unesco.org/new/fileadmin/MULTI-MEDIA/HQ/CI/CI/pdf/Events/Paris%20OER%20Declaration_01.pdf. Zugegriffen: 22. Nov. 2021.

Zawacki-Richter, O., Marín, V. I., Bond, M., & Gouverneur, F. (2019). Systematic review of research on artificial intelligence applications in higher education – where are the educators? *International Journal of Educational Technology in Higher Education, 16,* 39. https://doi.org/10.1186/s41239-019-0171-0

Stichwortverzeichnis

Printed in the United States
by Baker & Taylor Publisher Services